"十二五"国家重点图书出版规划项目

中国企业行为治理研究丛书

转 型 升 级 卷

协同优化视角下中国企业碳减排行为策略研究

曲 亮 张武林 薛津津 著

U0396780

浙江工商大学出版社
ZHEJIANG GONGSHANG UNIVERSITY PRESS

图书在版编目(CIP)数据

协同优化视角下中国企业碳减排行为策略研究 / 曲亮著；张武林，薛津津著. —杭州：浙江工商大学出版社，2016.12(2017.10 重印)

ISBN 978-7-5178-2011-6

Ⅰ. ①协… Ⅱ. ①曲… ②张… ③薛… Ⅲ. ①二氧化碳－减量化－排气－企业管理－研究 Ⅳ. ①F273 ②X511

中国版本图书馆 CIP 数据核字(2016)第 324502 号

协同优化视角下中国企业碳减排行为策略研究

曲　亮　张武林　薛津津　著

责任编辑	谭娟娟
责任校对	何小玲
封面设计	林朦朦
责任印制	包建辉
出版发行	浙江工商大学出版社
	(杭州市教工路 198 号　邮政编码 310012)
	(E-mail:zjgsupress@163.com)
	(网址:http://www.zjgsupress.com)
	电话:0571－88904980,88831806(传真)
排　　版	杭州朝曦图文设计有限公司
印　　刷	虎彩印艺股份有限公司
开　　本	710mm×1000mm　1/16
印　　张	14.25
字　　数	219 千
版 印 次	2016 年 12 月第 1 版　2017 年 10 月第 2 次印刷
书　　号	ISBN 978-7-5178-2011-6
定　　价	45.00 元

版权所有　翻印必究　印装差错　负责调换

浙江工商大学出版社营销部邮购电话　0571－88904970

本著作是以下项目资助成果：

◎ 国家自然科学基金面上项目"中国区域能源技术偏向研究：理论与政策含义"（编号 71673250）

◎ 浙江省重点建设高校优势特色学科重点资助项目（浙江工商大学工商管理）

◎ 浙江省哲学社会科学基金"浙江省能源技术偏向的形成机理与影响因素"（编号 18NDJC184YB）

◎ 浙江工商大学校青年基金项目"基于地方政府行为视角的碳减排区域分工与动态协调机制研究"

总　序

　　企业是社会发展的产物,随着社会分工的开展而成长壮大。作为现代经济中的基本单位,企业行为既是微观经济的产物,又是宏观调控的结果。就某种意义而言,企业行为模式可被看成整个经济体制模式的标志。

　　从社会学的研究来看,人类社会就是一部社会变迁的进步史,社会变迁是一个缓慢的过程,而转型就是社会变迁当中的"惊险一跳",意味着从原有的发展轨道进入新的发展轨道。三十多年来,我们国家对外开放、对内改革,实质上就是一个社会转型的过程。这一时期,从经济主体的构成到整个经济社会的制度环境都发生了巨大变迁,而国际环境也经历着过山车般的大起大落。"十一五"末期国际金融海啸来袭,经济急速下滑,市场激烈震荡,危机对中国经济、中国企业的影响至今犹存。因此,国家将"十二五"的基调定为社会转型。这无疑给管理学的研究提供了异常丰富的素材,同时也给管理学研究者平添了十足的压力。

　　作为承载管理学教学和科研任务的高校,如何在变革的时代有效地发挥自身的价值,以知识和人才为途径,传递学者对时代呼唤的响应,是一个非常值得思考的论题。这个论题关系到如何把握新经济环境下企业行为的规律,联系产业特征、地域特点,立足当下,着眼未来,为企业运营、政府决策提供有力的支持。

　　在国际化竞争和较量的进程中,中国经济逐渐显现出一种新观念、新技术和新体制相结合的经济转型模式。这种经济转型模式不仅是中国现代经济增长的主要动力,而且将改变人们的生产方式和生活方式,企业则是这一过程的参与者、推动者和促成者。因此,企业首先成为我们管理学研究者最为关注的焦点。在经济社会重大转型这一背景之下,一方面由于企业内部某种机理的紊乱,以及转轨时期企业目标的交叉连环性和多元性,另一方面由于外部环境的不合理作用,所以企业行为纷繁复杂,既有能对经济社会产生强劲推动作用的长远眼光,也存在破坏经济社会可持续发展的短视行为。随着经济和社会的进步,企业不仅要对营利负责,而且要对环境负责,并需要承担相应的社会责任。总体而言,中国企业在发展中面临许多新问题、新矛盾,部分企业还出现生产经营困难,这些都是转型升级过程中必然会出现的现象。

"转型"大师拉里·博西迪和拉姆·查兰曾言:"到了彻底改变企业思维的时候了,要么转型,要么破产。"企业是否主动预见未来,实行战略转型,分析、预见和控制转型风险,对于转型能否成功至关重要。如果一个企业想在它的领域中有效地发挥作用,行为治理可以涉及该企业将面临的更多问题;而如果企业想要达到长期目标,行为治理可以为其提供总体方向上的建议。在管理学研究领域,行为治理虽然是一个全新的概念,却提供了一个在新经济环境下基于宏观、中观、微观全视角来研究企业行为的良好开端。

现代公司制度特指市场经济中的企业法人制度,其特点是企业的资产所有权与资产控制权、经营决策权、经济活动的组织管理权相分离。于公司治理而言,其治理结构、方式等的选择和演化不仅受到自身条件的约束,同时还受到政治、经济、法律和文化等外部制度环境的影响。根据North(1990)的研究,相互依赖的制度会构成制度结构或制度矩阵,这些制度结构具有网络外部性,并产生大量的递增报酬。这使得任何想改善公司治理的努力都会受到其他制度的约束,使得公司治理产生路径依赖。在这种情况下,要想打破路径依赖,优化治理结构,从制度设计角度出发进行行为治理,便是一个很好的思路。

此外,党的十八届四中全会提出"实现立法和改革决策相衔接,做到重大改革于法有据、立法主动适应改革和经济社会发展需要"的精神,而《中华人民共和国促进科技成果转化法修正案(草案)》的通过,则使促进科技创新的制度红利得到依法释放。我国"十二五"科学和技术发展规划中明确指出,要把科研攻关与市场开放紧密结合,推动技术与资本等要素相结合,引导资本市场和社会投资更加重视投向科技成果转化和产业化。新时期科技创新始于技术,成于资本,以产业发展为导向的科技创新需要科技资源、企业资源与金融资源的有机结合。因此如何通过有效的企业行为治理,将各方资源进行有效整合,成为促进科学技术向第一生产力转化所面临的新命题。

由上述分析可以发现,无论是从制度、科技、创新角度,还是从公司治理、企业转型角度出发,企业的目标都是可持续的生存和发展,而战略是企业实现这一目标的有效途径。战略强调企业与环境的互动,如何通过把握新时期、新环境来制定和执行有效的战略决策以获取竞争优势,成为企业在新经济环境下应担起的艰巨任务。另外,企业制定发展战略的同时应当寻找能为企业和社会创造共享价值的机会,包括价值链上的创新和竞争环境的投资,即做到企业社会责任支持企业目标。履行战略型的企业社会责任不只是做一个良好的企业公民,也不只是减轻价值链活动所造成的不利社会影响,而是要推出一些能产生显著而独特的社会效益和企业效益的重大举措。

浙江工商大学工商管理学院(简称"管理学院")是浙江工商大学历史最长、规模较大的一所学院。其前身是1978年成立的企业管理系,2001年改设工商管理学院。学院拥有工商管理博士后流动站和工商管理一级学科博士点,其学科基础主要是企业管理,该学科1996年成为原国内贸易部重点学科,1999年以后一直是浙江省重点学科,2006年被评为浙江省高校人文社科重点研究基地,2012年升级为工商管理一级学科人文社科重点研究基地。该研究基地始终围绕"组织、战略、创新"三个最具企业发展特征的领域加以研究,形成了较为丰硕的成果。本套丛书正是其中的代表。

经过多年的理论研究和实践尝试,我们认为中国企业经历了改革开放后三十多年的高速发展,已然形成了自身的行为体系和价值系统,但是在国际环境复杂多变及国内改革步入全面深化攻坚阶段的特殊历史背景下,如何形成系统的行为治理框架将直接决定中国企业可持续发展能力的塑造及核心竞争力的形成。

本套丛书以中国企业行为治理机制为核心,分"公司治理卷""转型升级卷""组织伦理卷""战略联盟卷""社会责任卷""领导行为卷""运营管理卷"七卷,从各个视角详细阐述中国企业行为治理的理论前沿及现实问题,首次对中国企业行为治理的发展做了全面、客观的梳理。丛书内容涵盖了中国企业行为的主要领域,其中涉及战略、组织、人力、创新、国际化、转型升级等宏观、中观、微观层次,系统完备;所有分卷都是所属学科的最前沿研究主题,反映了国内外最新的发展动态,立足学术前沿;所有分卷的作者均具有博士学位,是名副其实的博士文集,其中就包括该领域国内外知名的专家和学者;所有分卷的内容都是国家自然科学基金、国家社科基金及教育部基金的资助项目,体现了较强的权威性,符合国家科研发展方向。

本套丛书既是我们对中国企业行为治理领域相关成果的总结,也是对该领域未来发展方向探索的一次尝试。如果本套丛书能为国内外相关领域理论研究与实践探索的专家和学者提供一些基础性、建设性的意见和建议,就是我们最大的收获。

"谦逊而执着,谦恭而无畏",既是第五级管理者的特质,也是我们从事学术研究的座右铭。愿中国企业行为治理研究能够真正实现"顶天立地、福泽万民"!

郝云宏

浙江工商大学工商管理学院院长　教授　博导

2014 年 11 月 15 日于钱塘江畔

目　录

Contents

图目录

Figure Contents

表目录

Table Contents

第1章 绪 论

1.1 研究背景

（1）宏观层面，能源冲击与极端天气频发给全球经济带来巨大影响，碳减排成为国际社会的共识

后危机时代能源价格的持续走高和极端气象灾害在全球肆虐横行，给区域经济发展带来巨大影响。能源价格波动不仅仅对经济发展产生巨大影响，也使人们的生活方式产生巨大变化，低碳概念被广泛推行。极端天气所到之处不仅造成了生命财产损失，更让全球经济随之颤抖，限制二氧化碳排放已经成为全球共识。2015 年 12 月 12 日，在法国巴黎举行的第 21 届联合国气候变化大会上各缔约方通过了《巴黎协定》。《巴黎协定》是继《联合国气候变化框架公约》和《京都议定书》之后，人类历史上第三份应对气候变化的具有法律效力的国际协议。根据《巴黎协定》，各缔约方应保证把全球平均气温较工业化前水平的升高幅度控制在 2 摄氏度之内，并为进一步把升温幅度控制在 1.5 摄氏度之内而努力。各国将以"自主贡献"的方式参与全球应对气候变化的行动，发达国家将继续带头减排，并加强对发展中国家资金、技术和能力建设的支持，帮助后者减缓和适应气候变化。值得指出的是，《巴黎协定》从其通过、签署到正式生效前后历时仅 11 个月，其效率之高也足以证明全球气候恶化形势之严峻及各国对该问题之重视。《巴黎协定》的通过与生效是全球气候治理模式的一场革命，从战略高度将全球气候治理模式由"自上而下"的强制性模式转向"自下而上"的"自主贡献"模式，并取得了阶段性的重大胜利。

（2）中观层面，刚性目标下区域碳减排的困境在于个体行为"1+1＜2"引发的系统效率缺失

主流经济学将减排问题归结为全球气候协议中的政策工具设计议题，关键在于通过有力的激励机制保障减排的顺利实施，但是区域碳减排是一个复杂系统，内部主体之间必然存在激励不相容现象。中国作为全球最大的碳排放经济体，正在从碳强度减排向绝对量减排转型，并在全球气候治理活动中发挥着日益重要的作用。2014 年 11 月 APEC 会议期间，习近平主席与奥巴马总统发表《中美气候变化联合声明》，首次公布了各自 2020 年后的减排目标。2015 年 6 月 30 日，中国政府向联合国气候变化框架公约秘书处提交应对气候变化国家自主贡献文件《强化应对气候变化行动——中国国家自主贡献》，明确提出了于 2030 年左右二氧化碳排放量达到峰值，到 2030 年非化石能源占一次能源消费比重提高到 20％左右，2030 年单位国内生产总值二氧化碳排放量比 2005 年下降 60％～65％，森林蓄积量比 2005 年增加 45 亿立方米左右，并全面提高适应气候变化能力等的强化行动目标。在既定的减排目标下，财政分权和晋升机制势必会加剧地区之间的竞争，高碳产业无序外迁，或者干脆以牺牲 GDP 的方式，通过停产、限产等非理性手段保证减排目标的实现，这些情况曾在我国"十一五"时期表现得极为突出；加之过分突出环保的新兴产业重复建设及绿色生活方式背后的生产成本无疑都降低了区域碳减排系统的运作效率。

（3）微观层面，区域碳减排系统效率缺失的关键是没有揭开个体行为影响区域碳减排效率的黑箱

碳减排作为复杂系统，企业、政府和居民是核心的主体，个体的碳减排是否能够提升区域碳减排的绩效始终是难解之谜。就单个个体而言，采用低能耗工艺和产品，选择低碳生活方式，对区域内部产业结构进行调整都能够有效改善区域内部的碳减排系统效率，但是主体之间如果缺乏协同效应，将最终导致系统整体效率的缺失。解析碳减排个体行为之间的博弈关系，明确区域碳减排系统的微观机理，特别是分析宏观政策对碳减排系统的影响将是保障碳减排目标实现过程中亟待解决的理论问题。2011 年 10 月，国家发展改革委员会批准设立深圳、北京、上海、天津、广东、湖北和重庆 7 个碳排放权交易试点省市，并将 2013—2015 年定为试

点阶段。自 2013 年起,中国陆续启动了七大碳交易试点工作,取得了一定的成果并积累了许多碳交易市场经验。下一步,中国将于 2017 年启动涵盖八大产业部门高能耗企业的全国性碳交易市场,并在未来进一步扩大碳交易市场范围。这标志着中国将逐步改变长期以来依靠行政手段实现碳减排的方式,转向更多地依靠市场手段,利用价格杠杆引导企业行为,使企业自主进行投资决策和开展减排行动,从而让企业自觉自愿减排。碳交易作为市场型环境政策的主要工具之一,将会在低碳经济建设的进程中发挥越来越大的作用。从企业的角度来看,作为碳市场的主要微观主体,及早响应并参与全国碳交易市场,对它的健康发展无疑具有重大现实意义。

1.2 研究意义

1.2.1 理论意义

(1)立足微观机理视角,通过个体模型方法构建微观行为与宏观政策的有机联系,解决区域碳减排系统"黑箱"的理论难题,丰富和完善碳减排理论体系

本书基于个体模型方法,构建碳减排微观主体的效用函数,通过对区域碳减排系统微观机理的解析,明确地方政府、企业及居民对碳减排行为的策略性响应过程,解释微观行为如何影响宏观政策的实施绩效及经济政策对微观行为的影响机理,构建碳减排系统的区域组织机制,弥补现有研究"重宏观,轻微观"的不足,丰富和发展碳减排理论。

(2)立足协同优化视角,通过学科交叉解决当前因区域碳减排系统协同不力而产生的"1+1<2"的效率缺失难题,推进该理论在中国管理情境下主体行为复杂性中的应用

本书从协同视角出发,构建了经济增长与碳减排复合系统的协同度模型,并将协同理论引入碳减排微观主体行为的研究中来。本书针对当前碳减排系统协同不力而形成的效率缺失问题,通过对碳减排系统内主体行为的解析,分析该系统的协同优化机理和方法,不仅为区域碳减排系统优化理论提供了新的思路,也推进了协同优化理论在中国管理情境下主体复杂性中的应用。

1.2.2 现实意义

(1) 立足于财政分权的视角,解决当前因区域间政府的逐底效应所产生的效率缺失难题

针对当前地方政府为追求自身效用最大化而形成的二氧化碳减排效率缺失问题,本书探讨财政分权对二氧化碳减排效率影响的大小、程度及方式。通过对二氧化碳减排效率的测量及其影响因素的分析,实现对财政分权这一宏观政策的评估,从而能够对现有政策实施效果进行评价,不仅能够对政策最终的效果有方向性的研判,而且能够对政策的实施力度、时机等具体行为特征进行科学预测,为政府制定碳减排政策提供科学的理论支撑。

(2) 通过对区域碳减排微观机理的解析,为企业和居民选择协同发展策略和低碳运作方式提供具有操作价值的理论参考

通过对区域碳减排微观机理的解析,并立足系统协同优化理论,本书一方面为区域微观主体之间的协同发展提供可借鉴的策略;另一方面,可以立足区域碳减排系统优化的视角,为企业的产业选择与内部优化、居民选择低碳生活方式提供具有操作价值的策略。此外,以县域规模以上工业企业为研究对象,本书分析了在环境政策工具组合不断完善的背景下,企业碳减排行为策略的选择。

1.3 研究目标

本书立足能源经济学、公共管理与复杂群决策系统等领域的相关成果,解析区域碳减排系统的微观运行机理;并立足中国管理情境,运用协同优化理论为提升碳减排效应提供科学的解决方案。本书研究的意义在于揭开转型期中国在特殊管理情境下区域碳减排复杂系统的"黑箱",并对碳减排关键的微观主体——企业的碳减排行为策略进行剖析,为地方政府等微观主体制定碳减排策略提供理论依据,从而为"十三五"期间中国节能减排目标的实现提供具有操作意义的对策。

区域碳减排系统效率问题既是一个理论研究的难题,也是一个现实发展的困境,因此如何明晰区域碳减排行为的微观机理就显得非常关键。

由于本书的研究范围界定为基于行为分析的视角,在实证研究数据的获取上必须遵循两条重要的规则:一是选取的区域样本指标必须具有典型性,二是数据的获取对象为地方政府、企业与居民,并且是涉及碳减排行为的活动,而不是一般活动。因此,实证和案例成为解决问题的关键所在。

(1)立足个体模型方法,分析碳减排的微观机理,构建主体的效用函数是亟待解决的难题

由于地方政府为有限理性主体,对其效用函数的认知一直都是主流经济学研究的难点。立足具体的碳减排行为,尽管具有针对性,适当缩小了研究的范围,但是微观层面的地方政府与企业、居民的博弈关系仍是本书要努力分析的关键问题。

(2)由于本书研究内容均涉及实证数据调查和案例的获取,研究数据资料的可靠性和稳定性成为本书研究的关键

涉及组织行为研究的问卷调查和实验研究,都是对研究方法规范性要求很高的专业研究手段,其数据的真实性和准确性将直接影响理论和实践研究结论的解释力,因此如何保证获取有效的数据就成为本书的一个要点。

1.4　研究内容与方法

1.4.1　研究内容

区域碳减排系统的效率对实现碳减排战略目标至关重要,是具有普遍意义和现实性的客观问题,也是保持区域经济和社会可持续发展的关键举措。本书的具体研究内容框架见图1-1。

(1)国际比较视角下经济增长与碳减排的协同研究

自哥本哈根世界气候大会召开以来,国际社会要求中国承担碳减排责任的呼声日益高涨。面对资源环境和碳排放空间日益稀缺的多重约束,中国政府制定了一系列碳减排战略目标。但作为全球最大的发展中国家,平衡经济增长与碳排放的关系,实现经济增长与碳减排的协同发展,是当代中国乃至全球面临的共同课题。本书基于协同优化理论,通过构建经济增长与碳减排复合系统的协同度模型,对中国、印度、美国、英国

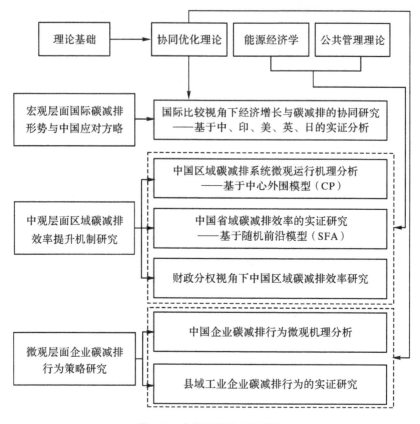

图 1-1 本书的研究内容框架

和日本进行实证研究,并进一步探索了影响中国经济增长与碳减排协同发展的关键因素,为中国参与全球气候治理和碳减排工作提供参考方略。

(2)中国区域碳减排系统微观运行机理分析

区域碳减排系统的微观机理,可以理解为地方政府引导下的企业和居民协调发展的过程,这个过程存在区域间的辖区竞争。本书基于空间经济地理学中的 CP(中心外围)模型,构建区域地方政府、企业和居民的微观模型。模型基本思路为:地方政府作为"理性经济人",在最追求自身效用最大化的前提下,制定当地二氧化碳排放标准;二氧化碳排放标准影响当地制造业的生产成本,从而使制造业在区域之间流动;制造业在区域间的流动又对当地政府的效用造成影响,进而影响地方政府制定二氧化碳排放标准。

（3）中国省域二氧化碳减排效率测算及其影响因素分析

本书以1995—2009年中国的28个省区市为研究对象，采用技术效率随机前沿函数（SFA）实证研究各省区市二氧化碳减排效率，并对各区域二氧化碳减排差异进行分析。本书进一步以二氧化碳减排效率为因变量，以财政分权为自变量，以1996—2008年我国28个省区市的面板数据为样本，探讨财政分权对二氧化碳减排效率影响的机制，并从定性和定量两个视角提出区域碳减排效率提升的策略。

（4）企业碳减排行为机理与策略研究

企业生产活动中产生的负外部性是当前环境恶化的重要原因之一。作为现代社会经济活动中最重要的微观主体之一，企业在面临碳减排时往往缺乏热情，其原因在于碳减排短期成本与长期收益之间的艰难抉择。本书通过构建地方政府与企业的静态博弈模型，对企业采取长期或短期碳减排的行为进行机理分析。此外，在中国环境政策工具体系不断完善的背景下，以碳交易、碳金融为代表的市场型环境政策工具将会对企业的生产活动产生重要影响。本书基于县域工业企业的问卷调查，实证研究了不同环境政策工具对企业碳减排行为的影响，为地方政府制定合理的政策工具组合、为企业采取协同的碳减排行为提供了理论依据。

1.4.2 研究方法

从整体上来看，本书遵循行为复杂系统微观研究与宏观政策互动的研究思路，主要采用主体模型的流程和方法，采用描述型研究方法界定研究问题，采用解释型研究方法分析区域碳减排过程的微观机理，采用规范型研究方法分析碳减排区域分工的边界及监控体系。总体上来说，本书采用区域碳减排分工的理论与方法体系，完整地提出了解决问题的办法。

具体而言，本书拟采用的方法包括文献研究、定性研究、内容分析、问卷调查、案例研究和计量模型研究等方法。

（1）文献研究法

对国内外的相关研究文献进行整理和综合分析，保证本书研究在立意、理论与方法上始终处于前沿。本书在主流经济学的碳减排研究、公共管理学视角的地方政府行为研究及新经济地理学的区域治理研究等方面都需要在国内外文献的基础上进行比较分析。

（2）基于访谈的定性研究（Qualitative Research）方法

在揭示地方政府进行碳减排区域分工影响因素及选择决策机制等问题上，本书将在理论研究的基础上，针对浙江、陕西、河北 3 个省 6～8 个县级市的工经委进行实地访谈。笔者通过与地方政府具体行政人员的访谈进一步完善研究思路，揭示问题的本质。在数据收集时，本书通过半结构化深度访谈，识别区域碳减排分工决策过程中的关键事件。

（3）内容分析法

在地方政府行为研究方面，笔者将访谈数据及地方政府制定的政策文件转录为文本格式后用典型的内容分析方法对其进行编码。随着访谈的深入，笔者不断修改编码手册，并且事先对项目组的研究生团队进行编码培训，然后将两组的编码结果进行比较，再计算编码者间的一致性。我们关注的是地方政府进行碳减排决策的行为，并且针对每个变量计算出提及的频次。这一模型的构建将是本书研究地方政府之间制定合作博弈策略过程、方法的基础。

（4）问卷调查和案例研究法

在研究碳减排区域自组织行为时，本书将在文献回顾的基础上，采用问卷调查的方法，对浙江省宁波市镇海区 500 余家规模以上及 30 余家高污染高能耗企业进行问卷调查。问卷由三部分组成：第一部分是企业基本信息，第二部分是企业碳减排行为测量，第三部分是企业对环境政策的感知测量。收集正式数据之前将进行小样本的预测，根据预测数据而得到的研究结果对整体设计进行进一步的调整和完善，最后实施正式的调查。对于数据分析，我们将采用 SPSS 19.0，AMOS 5.0 或 Lisrel 8.7 进行处理。

（5）计量模型研究法

本研究选取 1995—2011 年中国能源统计年鉴数据（后根据年鉴的实际更新程度完善了数据库），通过构建面板数据计量模型，对省级层面的不同碳减排区域分工的效率和水平进行实证检验。对于数据分析，我们将采用 STATA 10.0 进行处理。

第 2 章　研究的理论支撑：文献综述

结合本研究目的，文献回顾主要围绕实施二氧化碳减排的必要性、区域碳减排系统下的微观主体、碳强度减排、环境政策工具及协同理论等议题展开。

2.1　实施碳减排的必要性研究

站在主流经济学视角，碳减排的成因主要基于"能源稀缺"和"温室效应"引发的经济波动。前者的核心在于能源与经济发展之间存在的复杂联系，后者则是气候变化与经济发展之间的辩证关系。

2.1.1　基于能源稀缺的"节能"思路

20 世纪 90 年代，能源的大量消耗引发了环境污染问题，引起了很多学者对环境问题的关注，如学者 Grossman et al.（1994）提出了环境库兹涅茨曲线，Beltratti et al.（1995）将环境因素引入内生增长模型。随后，国内的学者也对在能源和环境约束下的内生经济增长模型进行了探索，其关键的结论是资源稀缺导致能源价格波动进而会给经济带来巨大影响，要降低这种影响，提高能源效率、节约能源是重要途径。

能源效率有两种计算方法（Hu et al.，2006）。一种是单要素产率法，把能源作为唯一的投入要素，把能源强度指标视为能源效率很多学者采用此方法研究国家或区域的能源效率（Sun，2002；齐绍洲等，2010a；齐绍洲等，2010b；史丹，2006；邱寿丰，2008），但这种计算方法存在着一定的缺陷：首先，忽略了其他要素的替代作用，会夸大能源效率；其次，难以完整刻画出效率的内涵（魏楚等，2007）；最后，对能源强度影响因素的分解一般采用指数分解法，这样只能得到结构效应和部门效率效应。另一种是全要素能源效率法,其须考虑各种要素间相互作用的能源效率。全要素能源效率法更切合实际,因此受到广泛的应用。学者们普遍认同结构调整和技术进步是提高能源效率的两个主要因素,但这两个因素对提高能源效率来说孰重孰轻,是学界争论的一个焦点。一些学者认为结构调整是提高能源效率的主要原因。(魏楚等,2008;吴巧生等,2008;Richard et al.,1999)但史丹等(2003)发现结构变化的作用自 20 世纪 90 年代中期就开始消失,甚至产生负向作用。学者们开始思考技术进步对能源效率的影响,但回报效应的存在,使得技术进步的衡量变得复杂。回报效应的含义为技术进步提高了能源效率而节约了能源,但同时技术进步促进经济的快速增长又对能源产生新的需求,部分地抵消了所节约的能源。为了定量衡量这一指标,经济学界普遍采用全要素生产率来代表技术进步。此后,对技术进步的研究大量涌现,很多文献支持技术进步对能源效率的提高起着正面作用,甚至超过了产业结构的影响作用这一观点。(李廉水等,2006;史丹等,2008)

2.1.2 基于温室效应的"减排"思路

20 世纪 90 年代,越来越多的研究集中于温室气体的排放问题,学者们普遍认为,世界能源结构中对化石能源的过度依赖是造成温室气体排放量上升的根源。1996 年,诺贝尔奖获得者 Svante August Arrhenius 指出,化石能源的燃烧将不可避免地排放二氧化碳,并预计,到 2050 年二氧化碳的浓度将达到 550 ppmv,它将扰乱生态系统中各种因素之间的平衡。二氧化碳作为一种无色无味且不对人体造成直接伤害的温室气体,与其他环境污染气体(二氧化硫等)有着某种关系,它们所表现出的规律并不完全相同。因此学界围绕着二氧化碳库兹涅茨曲线是否存在的问题进行了激烈的讨论和深入研究,并由此出现了大量研究结果,但差异很大。Selden et al.(1994),Galeotti et al.(2006)等认为,存在二氧化碳的库兹涅茨曲线。但他们预测的拐点所对应的人均收入水平存在巨大差异。Shafik et al.(1992)发现,人均二氧化碳减排同人均收入呈直线型且正相关关系。Moomaw et al.(1997),Friedl et al.(2003),Martinez-Zarzoso et al.(2004)却发现它们的轨迹呈 N 形。

国内一些学者也对二氧化碳库兹涅茨曲线进行了有意义的研究,但研究比较有限。陆虹(2000)利用状态空间模型分析了中国人均二氧化碳减排量和人均 GDP 的关系,发现人均 GDP 与人均二氧化碳排放量的当前值与前期值之间确实存在复杂的相互影响关系,而不是简单的库兹涅茨曲线。刘扬等(2009)基于 IPAT 方程对中国的碳减排强度、人均碳减排量及碳减排总量与人均收入的关系分别进行研究,发现它们都存在库兹涅茨曲线。林伯强等(2009)首先采用二氧化碳的环境库兹涅兹模型进行分析,在理论上得到库兹涅茨曲线,且拐点在人均收入为 37 170 元时达到,即 2020 年左右。但引入能源消费强度和能源结构碳强度后,中国在 2040 年仍没达到拐点。许广月等(2010b)对中国 1990—2007 年省域面板数据进行 CKC 研究,结果表明,中国及其东部、中部地区存在二氧化碳库兹涅茨曲线,但西部不存在;经济增长与碳减排的关系具有一定的时间效应,不同的经济发展阶段中,经济增长与碳减排有不同的关系。韩玉军等(2009)则认为,不同收入水平的国家有不同类型的库兹涅曲线。

　　Stern(2004)、Zhang et al. (2009)认为,现有的环境库兹涅茨曲线存在性分析的模型中忽略了经济增长变量与环境污染变量之间可能存在相互作用的反馈机制,并且假定了只存在由经济增长到环境污染的单向因果关系。二氧化碳与经济增长的关系也是如此。若这种假设成立,意味着碳减排政策将不会影响经济的增长,但这至少与中国的实际不符。反之,若只存在由二氧化碳减排到经济增长的单向关系,实施节能减排的政策将给经济带来重大的冲击。(Dinda,2005)因此,准确判断两者之间的关系具有重大的政策意义。近年来,国外学者开始对这一问题进行大量的研究。Coondoo et al. (2002)首次基于传统 Granger 因果检验方法对经济增长和二氧化碳减排的因果关系进行研究,表明北美、西欧发达国家及地区存在着由二氧化碳减排到经济增长的单向关系,南美洲、大洋洲及日本等国家及地区存在由经济增长到二氧化碳减排的单向关系,而非洲等国家存在着双向因果关系。Lean et al. (2010)研究表明,1980—2006 年期间 5 个东南亚国家都存在着由二氧化碳减排到经济增长的单向因素关系。目前,对中国的研究少之又少,其中杨子晖(2010)基于非线性 Granger 因果检验方法,分析了中国等多个发展中国家的经济增长与二氧化碳减排的因果关系,结果表明这些国家都存在由二氧化碳减排到经济增长的非线性因果关系。许广月等(2010b)同样认为,中国存在由二氧化碳减排到经济增长的单向 Granger 因果关系,并且认为出口贸易是碳减排影响经济增长的原因。

虽然上述研究关于不同国家经济增长与二氧化碳减排的因果关系的结论并不统一,但可知大部分国家存在着由二氧化碳减排到经济增长的因果关系,这表明节能减排的实施将会对经济增长产生影响,并且大部分研究已表明这一影响至少在短期内是负面的。因此,应采取合理的减排措施,使这种影响最小化,甚至实现经济增长与碳减排的双赢。

2.2 碳减排微观主体研究

目前,针对区域碳减排系统的研究已经逐步深入微观主体的行为方面,地方政府在区域碳减排系统中发挥导向作用,企业和居民是实施减排的关键主体。面对日益严峻的气候问题,发展低碳经济走可持续发展道路已成为全世界的共识。大气的流动性及世界经济一体化决定必须贯彻宏观、中观、微观多层面立体的减排思路。宏观层面主要是国际社会和国际组织的碳减排规划与分工;中观层面主要包括各国家的地区减排活动;微观层面主要考虑地方政府、企业、居民及家庭的消费活动。具体而言,包含以下三个层面。

2.2.1 地方政府

企业不考虑环境成本地追求利润最大化造成了严重的环境污染,市场自身无法解决此类外部性问题,地方政府的介入成为必然选择。作为碳减排行为实施的重要主体,地方政府更多的是扮演政策制定者、方向引导者和监督者的角色。面对日益加大的减排压力,越来越多的学者对碳税、排污权交易、能源补贴、区域差异及政策制定等方面进行大量研究,为地方政府的决策提出建议。刘洁等(2011)基于 1999—2007 年间的省际面板数据模型就征收碳税对中国经济增长的影响进行了定量分析。董竹等(2011)基于 VEC 模型与脉冲响应函数定量分析了中国环境质量投资对环境质量的冲击,并发现,政府的补助会在一定程度上助长高污染、高耗能企业的惰性,使得环境治理投资的效果甚微。还有不少学者从碳泄漏的角度对地方政府引进外资行为进行研究。碳泄漏是指在只有部分成员参与的国际联盟中,承担温室气体减排义务的国家采取的减排行动,导致不承担减排义务国家的温室气体排放量增加的现象。(赵玉焕等,2011)宋德勇等(2011)使用 1978—2008 年间的数据探讨 FDI(Foreign Direct Investment,即外商直接投资)对国内碳减排的影响,并指出,FDI的流入在一定程度上改善了我国环境质量,但大量的 FDI 流入污染密集型的产业之中,一定程度上证实了"污染避难所"的假说。地方政府出于发展本地经济的目的,将有动机不完全或扭曲地执行国家的环境政策,为外资企业大开各种方便之门,以达到吸引外资企业落户的目的。(朱平芳等,2011)

政府环境政策的制定和实行过程,实际上是政府和企业及相关主体之间的博弈过程。(张学刚等,2011)金帅等(2011)通过构建管制者与排污企业之间的两阶段动态博弈模型,分析了排污交易条件下企业的经营决策,包括生产、削减、违规与许可证交易等,进而从监管力度、许可证分配、违规处罚结构三方面对有效实现总量控制目标的监管机制进行研究。地方政府在制定环境规制政策和执行中央环境政策时应当充分考虑当地实际情况,因地制宜地开展碳减排活动。马丽(2016)认为,国家气候治理战略目标的实施与落实需要依靠地方政府,但后者在参与气候治理行动时会不可避免地面临身份困境、地方党政干部任期制度困境和气候治理成本困境。当前,地方政府在参与气候治理行动中更多的是扮演中央政府的政策执行者角色而不是多层次治理中的主体行动者角色。在实现中国气候治理战略目标的过程中,我们必须重视气候治理的多层次性,重视地方政府在全球气候治理中的地位。

自中华人民共和国成立以来,我国的财政税收体制发展大致可以划分为三个阶段:第一阶段从中华人民共和国成立到 1978 年之前,主要实行统收统支的财政集中体制;第二阶段从 1978 年到 1993 年,中央政府逐步放权,实行分成和财政包干体制;第三阶段是 1994 年实行分税制改革。在我国财政分权体制下,地方政府拥有更多权力来扮演政策制定者、方向引导者和监督者的角色。众所周知,GDP 的增长必然会引起二氧化碳排放量的增加。地方实施二氧化碳减排在短时间内必然会引起 GDP 的下降,从而一方面影响到地方的税收,另一方面影响到地方官员的升迁。因此,在自身利益的驱动下,地方政府倾向于通过尽量降低二氧化碳减排的标准,来满足自身的需求。二氧化碳作为一种温室气体,其排放量的增加会影响当地居民的生活环境,从而降低居民的社会福利,也就相当于地方政府没有提供减少二氧化碳排放这项公共物品。与提供其他普通的公共物品如教育等类似公共物品相比,减少二氧化碳排放需要付出成本,主要是短时间内影响地区经济发展。接下来我们将从以往财政分权对公共物品供给的影响角度来进行综述,从而探讨财政分权对二氧化碳减排影响的理论依据。

(1)财政分权对公共物品供给效率的促进作用

很多学者的研究结论支持财政分权对公共物品的供给效率具有促进作用。传统的财政分权理论,如 Tiebout(1956)认为,由于地方政府具有明显的信息优势,对本地居民的偏好更加了解,因而能为本地居民提供质量更好的公共物品,本地居民则通过"用脚投票"的机制来选择居住地,进而对政府提供的公共物品的质量进行评价,促进地方政府提供更优质的公共物品。

Buchanan(1965),Oates(1972)等也认为,中央向地方政府分配财政收入与支出的权力将更有利于地方政府提高公共物品的供给效率。关于财政分权对公共物品供给的促进作用的另外一篇支持文献是 Faguet(1999)对玻利维亚的一篇实证分析。玻利维亚在 1994 年进行了分权改革,在这之前它一直是一个非常集权的国家。在分权之后,地方政府将资金主要投向了教育、卫生、供水及城市发展方面。不仅如此,分权之后250 个小的和贫穷的地区的公共服务供给效率有了显著的提高。这意味着,财政分权有利于地方公共物品的供给。

具体到我国的实际情况,以 Weingast(1995)等为代表,从软预算约束的角度,研究认为分权化的制度安排可以导致不同地区之间的竞争,维持市场化的联邦主义(Market-Preserving Federalism),向地方政府提供市场化激励,促进和保持市场化进程,调动地方政府积极性。张军等(2007)也通过实证分析证实,财政分权促进了公共物品的供给效率。

(2)财政分权对公共物品供给的抑制作用

但是,到了 20 世纪 90 年代中期,学者们开始对分权的不利影响进行思考。(Keen et al.,1996)他们开始思考 Tiebout 模型前提假设的适用性,认为分权并不会必然促进公共物品的供给效率,尤其是对于发展中国家而言。其主要原因可以概括为以下四点：

第一，居民不会因公共物品的差异而完全流动。即便有大量的居民频繁迁移，主要原因也很少是公共物品的差异。

第二，地方政府的运行机制往往不遵循效率原则。原因有三：首先，地方居民并不能很有效地监督地方政府；其次，地方政府容易受利益集团的诱惑而滋生腐败；最后，地方政府在对公共物品做投资决策时，往往会考虑区域间的公平性，从而形成了非效率目标。

第三，与中央政府相比，地方政府的治理能力相对较弱。一般而言，地方政府在人员配备及管理能力上与中央政府相比都有一定的差距，从而在公共物品的供给上也大打折扣。

第四，不同区域间地方政府的竞争会使公共物品供给效率缺失。一方面地方政府人员为争取自身利益，如升迁等，往往会将公共投入用于那些能够吸引资本的项目；另一方面，地方政府为提高当地企业的效益，往往会采取地方保护，从而阻碍资源流动，造成地区公共设施重复建设。

我国正处于经济转型期，在很多方面都存在着不足，最主要的是公共财政体系不像那些成熟的市场经济国家那样完善，从而使我国财政分权的效果不是很令人满意。其中最主要的缺陷有两个：一是我国地方政府没有独立的税权，从而使得财政收入和财政支出失衡；二是当地居民和企业通常对地方政府的行为不能很有效地制约，即"用手投票"机制失灵了。而对于我国特定的政府管理体制来说，由于存在户籍制度，迁移成本高昂，大部分居民不能自由流动，因而"用脚投票"机制也不能正常运转。很多学者的研究结论也支持这一观点。基于这些缺陷，我国财政分权对公共物品的供给效率很有可能会引起损害而不是促进作用。

乔宝云等（2005）对中国 1978 年实施财政分权改革以来，财政分权与中国小学义务教育的案例进行分析。研究发现，财政权分权没有增加小学教育的供给。他们认为，主要原因在于"用脚投票"和"用手投票"机制的缺失及地区间激烈的财政竞争挤占了对外部性比较强的公共物品的投资。丁维莉等（2005）将信贷市场不完善、风险规避、人的短视、教育的外部性这些因素引入均衡模型中，并考虑到社会资源和教育投入的社会化等因素来讨论财政分权模型下基础教育投入的效率和公平性。结果表明，分权体制下难以保证充足的教育投入。

丁菊红等(2008)采用 Besley 模型对地方政府提供的软公共物品和硬公共物品的区别进行了分析。研究结论表明,在分权初期,由于地方政府和中央政府的偏好相一致,分权有利于公共物品的供给。但随着经济的发展,地方政府的偏好会在一定程度上背离中央政府的意愿,此时地方政府更偏向于能够提供更多政绩的硬公共物品,而不是需要提供更多投资但政绩较少的软公共物品。

(3)财政分权与二氧化碳减排

在国内外,近几年也开始对财政分权是否能够促进二氧化碳减排进行研究。Hang(2012)采用 SFA 分别测算了我国财政转移和支出分权对二氧化碳减排效率的影响。结果表明,两个变量对二氧化碳减排效率变量的线性效应不显著,当加入人均收入分别与两个变量的交叉项时,结果显著为负,说明我国单边不平衡的财政分权,即支出分权大于收入分权的模式,使得财政分权对二氧化碳减排效率呈反向作用。张克中等(2011)采用了 1998—2008 年的面板数据,对财政分权与二氧化碳减排量的关系进行了分析,结果表明,财政分权与碳排放存在正相关关系,分权度的提高不利于碳排放量的减少。然而,薛钢等(2012)以二氧化硫等为污染指标,做了财政分权对其影响的实证研究,结果表明,财政分权与环境污染水平呈反比,支持财政分权对公共物品供给有正面效应的观点。

2.2.2 企 业

企业作为社会经济活动的主要载体,不可避免地成了碳减排实施的主要执行者。因此,研究企业在应对气候变化及低碳经济发展上的策略行为,对实现全球碳减排目标和建设低碳社会具有重要意义。国外关于企业具体碳减排行为的研究较少,多数学者从企业应对气候变化的策略选择出发,主要关注企业应对策略行为分类及其影响因素等问题。

(1)企业应对气候变化的策略行为研究的四大理论视角

国外关于企业应对气候变化的策略行为的研究大致从四大理论视角出发:利益相关者理论、资源依赖理论、制度理论、资源基础论。

其一,利益相关者理论认为,组织迫于利益相关者的压力,被要求履行环保责任。但是,实践中很难辨别哪个利益相关者发挥了更重要的影响。Mitchell et al.(1997)对利益相关者理论进行完善,他认为,具备重要的、合理的并且紧迫的性质的利益相关者会被企业管理者给予更多的关注。

其二，资源依赖理论认为，组织依赖外部环境以获取它们所需要的资源。企业对外部关键资源的依赖作用使得利益相关者发挥重要的杠杆作用。但有的时候企业（组织）为的并不仅仅是争取资源和赢得消费者认可，还必须获取制度合法合理性。

其三，制度理论认为，企业生存发展必须符合组织制度环境（组织公认的行为规范等）的要求，企业必须使其行为合乎行业共有的价值观、信条文化和规章制度，以获取其他成员的认可支持，从而得以争取企业生存发展所必需的资源。

其四，资源基础论区别于资源依赖理论。资源基础论主要指组织内部人力、物力、组织文化等那些不能被完全复制和模仿的资源，在低碳竞争时代这些资源会内化为企业的核心竞争力，是企业竞争优势的源泉。

（2）企业应对气候变化的策略行为研究

Engau et al.（2011a）通过文献分析，以后《京都议定书》时代的监管不确定为例，对世界112家上市公司进行调查研究，将企业对监管不确定性的响应行为分为逃避、减轻、适应和忽略四种，并实证分析了不同行业和地区的企业对监管不确定性的响应策略的差异。Kolk（2008）从市场响应的角度出发，根据策略目的将企业应对气候变化的策略分为创新策略与补偿策略；根据组织形式分为企业内部策略、供应链纵向垂直策略、企业横向策略。Engau et al.（2011b）通过文献回顾和对（跨国、跨行业）企业的调研，将企业应对行为分为进攻、防御和消极三种类型。企业在应对因气候变化而制定的《京都议定书》的规制不确定性问题时通常扮演着四种角色：胆大妄为者、协调者、风险规避者、赌徒。胆大妄为者仅运用进攻型策略；协调者综合运用进攻和防御两种策略；风险规避者则综合运用三种策略；赌徒不采取特别的应对策略，对规制不确定性表示忽略。Aragon-Correa et al.（2008）通过对西班牙南部108家汽车修理企业的调研，发现中小企业采取的环保策略包括反应性遵循、积极的污染防治和环保领导等。Sandhu et al.（2012）检验了印度企业组织中的企业环保应对策略，并将企业的环保应对行为分为两层：第一层应对策略主要来自强势的供应链客户和组织带来的压力及国际化的压力，主要包括污染控制、废弃物回收等行为的减少;第二层应对策略主要为组织长期以来的组织身份和组织文化所驱动,包括生产新型绿色产品和发展工业生态化技术。

(3)企业应对气候变化的策略选择的影响因素

Kolk(2008)认为,企业应对气候变化的响应策略的影响因素大致可以分为四类:其一是母国因素,如社会对气候变化的关注程度,社会对企业社会责任的认知与看法,国家环境政策及国家工业发展所处的阶段等;其二是企业具体情况因素,如企业经济状况和市场地位,高管团队的国际化程度和企业文化等;其三是行业因素,如供应链的全球化、行业的政治影响力、科技和竞争力状况等;其四是特定问题和具体情境因素,如不同部门、国家的影响,问题的复杂性及不确定性等。Engau et al. (2011b)越认为,企业对影响自身的规制不确定性的感知程度越高,企业就越倾向于采取更广的应对策略,即随着对不确定性的感知程度的增加,企业策略的广度也随之增加;企业受规制影响的严重程度越高,就越积极主动地去寻找应对策略。Jones(2007)认为,企业会根据自身的情况在不同程度上采取一系列的响应策略,其主要影响因素包括企业面对的气候风险严重程度、行业的地位、企业自身实力、企业领导的特质。Lopez et al. (2007)指出,推动企业环保进步的因素包括社会压力(尤其是法律压力),公司的社会责任和企业管理者的道德责任感,积极环境策略带来的商业机遇。

Engau et al. (2011a)通过对欧亚、北美等地区 112 家企业的问卷调查和访谈进行实证研究发现,企业应对后《京都议定书》时代的监管不确定性所采取的响应策略因工业部门(行业)而异,部分会因地区而异。Kolk(2008)着眼于跨国公司,从政策发展、政治响应和市场响应三个层面梳理了自 1990 年以来学者们对企业应对气候变化的响应策略的研究。从企业的政治响应来看,企业态度和响应行为因行业而异,如高能耗和能源紧张行业的企业反对进一步的环境规制,而风能、核电、电子通信、银行保险等能从中开辟新市场的行业则表示支持政府规制。Ahdrey et al. (2013)通过对 1989—2008 年《华尔街日报》的新闻报道进行分析,检验了市场是否认可企业对气候变化的响应行为,结果发现,环境敏感型和环境绩效差的企业的市场反应较为不积极。对环境敏感型工业和环保绩效差的企业来说,缺乏应对气候变化和环保的决心并不是一件好事。

一般来看,企业规模对企业的环保策略选择有重要影响,大企业拥有充足资源支撑其采取积极的环保策略，而中小企业因缺乏资源和明确的计划、战略规划及科学的管理体系，往往不会采取积极的环保策略。但Aragon-Correa et al.(2008)认为，规模是一个相关的因素，但不是企业采取最积极的环保策略的决定因素。Haller et al.(2012)以爱尔兰制造业2006年和2007年的相关数据为研究对象，利用赫克曼选择模型，检验了影响企业现有环保费用支出和企业污染防治设施资本投资的决定因素。结果发现，大规模的、出口型、能源紧张型企业更倾向于支出该类费用；公司规模和成立时间对资本投资数额有影响，在经济激励和规制的作用下，规模最大的和污染最严重的企业承担了最多的减少污染排放量的责任。

由于低碳经济建设起步较晚，对企业减排行为监管有所缺失，国内关于企业减排行为的研究多为定性研究，主要从博弈论的角度对企业减排行为进行分析。企业实施减排行为的路径主要有两条：技术升级与结构减排。两者都是企业创新的重要表现，通过外在减排压力推动企业创新能力的培育是政府大力推动减排举措的重要意图，企业也必然在这个过程中实现转型升级，进而获得长期的收益。系统认知外部环境变化，有效甄别风险下的隐藏收益必然成为"后危机时代"企业获胜的重要能力，碳减排问题的解析正是这种能力的一个缩影。作为市场经济活动的主要载体，企业在碳减排中的作用不言而喻。

节能环保法律法规的出台，公众、政府、非政府组织、消费者等利益相关者节能环保意识的觉醒，各种环保节能技术的研发，推动了产业变迁，使得企业的资源适应性和价值面临着重新评价，也使得企业面临着是否被利益相关者所认可的压力。(李元旭等，2011)王先庆等(2011)认为，减少环境问题产生的起点和根源在于商业运作中的采购低碳化或低碳型采购，并在低碳商业背景下，建立以企业的社会责任为出发点的供应商选择的评价指标体系。张成等(2011)认为，在强度维度上，环境规制对企业技术创新带来"U"形影响轨迹，即较弱的环境规制强度会降低企业的生产技术进步率，而较高的环境规制强度会提高企业的生产技术进步率。张三峰等(2011)通过研究发现，环境规制及其强度与企业生产率之间存在着稳定的、显著的正向关系，中国企业有能力承受更高的环境标准，我国的污染控制政策对企业实现碳减排起到积极的作用。

杨云飞(2010)认为，企业可以通过创新和补偿两条路径实现减排。

其中,创新策略可分为三种:一是企业内部创新策略,如提高能源生产和利用效率,改善生产工艺,优化流程,采用先进设备,采用清洁生产技术、固碳技术等;二是企业供应链(产品全生命周期)创新策略,即根据对企业产品或供应链的全生命周期的跟踪,通过进行产品、供应链技术和工艺的改进,实现产品或服务在从采购到使用、回收的全生命周期中的减排目标;三是突破性创新策略,也可以称为新产品(新市场)整合创新策略。以补偿为主的企业应对策略也分为三种:内部补偿策略,是指企业内部部门组织之间进行碳排放额转让和补偿的策略;供应链补偿策略,是指为规避在企业内部进行排放限制的问题,而将高排放的经营活动转移到供应链的其他节点上,或者使其供应链能更有效地实现减排目标的策略;外部补偿策略,是指企业与供应链外部的企业合作,通过购买碳排放配额或其他抵消方式[如 CDM(清洁发展机制,Clean Development Mechanism)或 JI 机制]进行碳排放交易,实现企业达成减排目标的策略。

邢璐等(2010)通过对某市 120 家工业企业的抽样调查发现,企业节能措施主要有六种:加强管理,改进生产工艺,减少产量,调整产品结构,改善能源供给结构和提高能源供给效率,节省设备投资。其中,加强管理,改进生产工艺,改善能源供给结构和提高供给效率是三种最常用的方式。而对应的企业减排行为也有六种:加强管理、改进生产工艺、减少产量、调整产品结构、投资于污染处理设施、得益于节能。殷志平等(2012)认为,企业面对政府规制时可供选择的减排措施有三类:一是碳排放权转移,即不改变企业的现有生产工艺,利用其他企业拥有的减排潜力或开发的减排技术;二是清洁生产,即在生产过程中改进工艺,尽可能地实现节能减排;三是净化技术改善,指的是末端治理,如增加绿色植被等措施。企业可以将这些策略任意组合,但企业在制订策略的时候,应当选择合适的清洁系数和净化水平系数。

2.2.3　居民及家庭

在很大程度上,消费决定生产,因此不少学者尝试从消费的角度对碳减排进行研究。生产与消费紧密联系,要实现全社会的减排目标,不能只关注生产,也不能只考虑消费的个别方面,而是要从拉动经济发展的生产和消费层面全面地研究我国二氧化碳排放的影响因素及其作用机理。

(冯婷婷,2011)蔡圣华等(2011)通过对先进经济体发展经验的实证分析和对我国经济投入-产出结构的分析,量化分析了消费规模及其结构对我国产业结构变化的影响,发现消费规模的扩大与消费结构的升级将是未来我国产业结构优化的主要驱动力之一。同时,他指出,为完成碳强度减排目标,必须通过能源需求管理项目的实施,引导人们向"低能耗、低排放"的消费模式转变。

(1)消费者个体的研究

王建明等(2011a)以深度访谈的方式,采用扎根理论对消费者低碳行为进行了深层次的心理归因研究,结果表明,低碳消费的归因主要表现在个体心理意识和社会参照规范这两个方面。但个体由于提高心理意识而产生的相应的低碳消费行为应归于认知性学习范畴,而个体观察参照群体的消费模式及其结果而产生的特定的低碳消费行为属于观察性学习范畴。王建明等(2011b)继续应用扎根理论探究了影响社会公众在日常消费过程中实行低碳消费模式的深层次因素。其结果认为,低碳心理意识、个体实施成本、社会参照规范和制度技术情境这四个主范畴对低碳消费模式存在显著影响。在之前研究的基础上,王建明(2015)提出了"情感-行为的双因素理论假说",并通过质化研究和量化研究技术对这一理论假说进行了验证。研究通过深度访谈发现,环境情感有双因素共六维度,其中环境忧虑感、行为厌恶感、行为愧疚感属于负面环境情感维度,环境热爱感、行为赞赏感、行为自豪感属于正面环境情感维度。通过进一步的结构方程模型研究又发现:环境情感通过影响动机的强度、方向和持续性,促成消费碳减排行为;相对高碳消费行为来说,环境情感对低碳消费行为的影响作用较大;相对负面环境情感来说,正面环境情感对消费碳减排行为的影响面和影响力更大。

贺爱忠等(2011)基于问卷调查,运用结构方程模型就城市居民低碳利益关注和低碳责任意识对低碳态度和低碳消费的影响进行了实证研究。研究发现:城市居民低碳利益关注和低碳责任意识对低碳态度和低碳消费具有显著正向影响;而影响低碳态度最大的变量是低碳利益关注,影响低碳消费最大的变量是低碳责任意识。人口统计特征和区域变量在不同假设路径中的影响均存在显著差异,中部地区更为显著。李丽滢等(2016)对居民消费模式转变机理进行研究发现,低碳心理认知和社会责任是影响居民低碳消费的主要因素,两者对居民低碳消费行为有显著正向影响。低碳心理认知又受到环境感知和社会责任的影响。个体对环境感知越明显,社会责任感越强,对低碳消费的认知就越强,消费就越趋向于低碳化。赵黎明等(2015)将公众酒店低碳消费行为分为一般行为和积极行为两种,并基于问卷调查数据和 SEM 模型对公众在酒店情境下低碳消费行为的影响因素进行研究。结果发现,影响一般行为的因素依次为公众感知利益、酒店低碳情境、低碳态度和社会规范,公众对一般行为的认知和参与度较高;影响积极行为的因素依次为低碳态度、低碳知识、社会规范和感知利益,公众对积极行为的认知和参与度相对较低。

(2)家庭的研究

随着城市化的加快和家庭生活水平的提高,家庭直接能耗排放对环境造成的胁迫效应更加显著。(叶红等,2010)张艳(2011)对国际上流行的三种家庭直接能耗影响因素的研究模型进行了分析评价。罗楠(2016)对家庭排放源及其测算方法进行研究,并对构建家庭碳排放交易做出了理论和实践分析。计志英等(2016)以我国 2003—2012 年省级面板数据为样本,在省际层面测度了我国家庭部门直接能源消费碳排放数据,并构建了家庭部门直接能源消费碳排放影响因子的动态面板数据模型。研究表明,第一,我国家庭部门碳排放的空间分布具有明显的地域差异特征,东、中部地区碳排放量高而西部地区的碳排放量较低;第二,家庭部门碳排放量具有显著的惯性特征和路径依赖性,表现出一种动态自适应机制;第三,人口规模、居民消费水平、能源消费结构、碳排放强度、能源消费强度和城镇化因素对我国居民能源消费碳排放总量及人均碳排放量具有显著的影响,但城乡之间的家庭能源消费碳排放驱动因素存在差异。孙敏等(2016)选择云南地区少数民族农户为研究对象,调查各少数民族农户2012—2014 年的收入和消费数据,运用 LMDI 模型把户均间接碳排放增量分解为碳排放系数,消费结构,消费支出与收入的比,户均收入四个因素,其中消费支出与收入的比是云南地区少数民族农户碳排放的主要驱动因素。

(3)基于城乡分类的研究

中国是一个传统的城乡二元结构社会,因此,分别研究农村家庭和城镇家庭的生活能耗有重大意义。陈艳等(2011)对中国农村居民可再生能源生活消费的碳减排行为进行了评估，认为在未来的发展过程中，农村居民只有利用可再生资源，转变传统的能源消耗方式，减少温室气体的排放，才能实现改善农村环境和减缓气候变化的目标。张蕾等（2015）以计划行为理论为基础，构建农村居民低碳消费行为意向模型，通过调研数据，利用结构方程模型得到以下结论：第一，在该研究中，农村居民的低碳消费行为态度、低碳消费主观规范和低碳消费行为控制认知对低碳消费行为意向都存在显著的影响。这说明计划行为理论对农村居民的低碳消费意向有较好的解释能力。第二，低碳消费行为控制认知对行为意向的影响不如行为态度和主观规范的影响系数大，这和农村居民的低碳环保意识较为淡薄及尚未形成低碳消费的社会风气有密切关系。

汪兴东等（2012）以北京、广州、上海、武汉、成都 5 个城市作为研究对象，从消费者的个人层面和文化层面研究了中国城市居民低碳购买行为的影响因素。结果表明，个人因素和文化因素对城市居民的低碳购买意向具有正向影响，但个人因素对低碳购买态度的影响要大于文化因素的影响。顾鹏（2013）通过对南京市居民低碳消费行为影响因素进行实证研究发现：个体心理因素通过影响城市居民低碳产品消费意愿而间接影响其消费行为；政府法规政策、社会参照规范等外部情境因素对城市居民低碳产品消费意愿与行为之间的关系具有显著的调节作用。石洪景（2015）对福州市城市居民的低碳消费行为进行研究发现，价值观、关注度、行政性政策、操作能力和社会规范对城市居民的低碳消费行为具有显著的正向作用，但人口统计学变量对低碳消费行为没有显著作用。

2.3 碳强度减排研究

20 世纪 90 年代初至今，国际社会关于碳强度的研究已经有 20 余年的历史。早期的碳强度研究是碳排放研究的副产品，但随着理论与现实的变迁，碳强度减排在应对碳减排给经济发展造成的不确定性方面的优势逐渐被人们认识，它已经成为新兴发展中国家应对国际气候变化的主要方式。在后《京都议定书》时代，碳强度减排仍将是发展中国家最青睐的方式。尤其是中印两大碳排放大国的支持，将会把对碳强度的研究推向更有价值的平台。

为确保实现碳强度减排目标,我国已把单位 GDP 二氧化碳排放量(碳强度)降低指标完成情况纳入各地区(行业)经济社会发展综合评价体系和干部政绩考核体系中。当前中国正处于工业化时期,同时也正处于碳强度减排阶段,但国内对碳强度的研究直到近几年才得以起步。随着中国提出了在 2030 年达到碳排放峰值的目标,深入研究碳强度减排目标的任务分解及分析实施碳强度减排对社会经济各部门的影响,探索出一条由碳强度减排向绝对量碳减排的路径,具有重要意义。

2.3.1　碳强度的含义与研究议题解析

一般来看,碳强度是指既定时期内单位产出的二氧化碳排放量(Torvanger,1991;何健坤等,2004;王锋,2012)。该指标衡量了经济发展的碳成本,反映了经济低碳发展程度。也有部分学者在研究中以单位能源使用所产生的二氧化碳排放量定义碳强度(Yang et al,1998;蒋金荷,2011)。但从国际社会和学界主流定义来看,碳强度是指单位产出的二氧化碳排放量,也可称作碳排放强度。在本书中,如果没有特别说明,碳强度均采取主流定义。笔者在对碳强度现有研究进行梳理后发现,学界对碳强度的研究围绕着不同的议题呈现出明显的阶段性特征。具体来讲,可以划分为三个阶段。

第一阶段:碳强度的影响因素探析。1992 年,在里约热内卢召开的联合国环境与发展大会制定了《联合国气候变化框架公约》,人类第一次真正意识到气候变化带来的严峻挑战,世界对二氧化碳排放的关注急剧升温。在学界,以碳排放 Kaya 等式(此为一个公式的名称,用于计算碳排放量和相关影响因素的贡献)为代表的研究课题揭开了全球碳减排研究的序幕。此阶段的研究多以碳排放变化的分解研究为主,主要探索碳排放与碳强度变化的影响因素。

第二阶段:国际社会关于碳减排方案的讨论。1997 年,在东京召开的第三次气候变化大会通过了《京都议定书》,它规定从 2008—2012 年期间,主要工业发达国家的温室气体排放量要在 1990 年的基础上平均减少5.2%,并于 2005 年正式生效。1999 年,在德国波恩气候变化大会上,阿根廷首先提出了与 GDP 挂钩的碳强度减排目标。由此,学界掀起了一股"绝对量减排与强度减排何者更优"的争论热潮。

第三阶段：中国究竟能否完成碳强度减排目标，减排路径又是怎样的？2007 年，中国成为世界碳排放第一大国，西方国家要求中国制定量化减排目标的呼声日益高涨。2009 年，中国政府向国际社会做出承诺，到 2020 年，在 2005 年的基础上实现碳强度下降 40%～45%。随后，印度也做出类似的承诺。至此，对中、印等新兴发展中国家的碳排放和碳强度研究成了国际碳减排研究的前沿阵地，其中主要关注碳强度减排承诺的可实现性与实现路径。

2.3.2 碳强度研究的起源

(1)碳强度的分解研究

国际社会对碳强度的研究最早可以追溯到 Torvanger(1991)的研究。该文章对 1973—1987 年 9 个 OECD(经济合作与发展组织，Organization for Economic Cooperation and Development)成员制造业部门能源消费引致的碳排放下降问题进行了研究。运用迪氏指数分解方法，Torvanger 将导致制造业整体碳强度下降的因素分解为能源碳排放系数、产业结构、能源结构、部门能源强度和国际社会经济结构的变化五个影响因素。他发现，首先，由经济增长、能源价格上涨、新技术装备及工业程序的投资改造等造成的制造业部门的能源强度下降是研究样本碳排放强度下降的主要原因；其次，产业结构优化，高能耗产业比例的缩减是第二大贡献因素；另外，清洁能源的使用及更高的发电效率也对二氧化碳强度的下降发挥了重大作用，而国际经济结构对碳强度的影响不明显。

在 Torvanger 之后，许多学者从产业层面对碳排放和碳强度进行了研究。Ang et al.(1997)基于迪氏分解法对中国大陆、中国台湾、韩国的制造业部门整体碳强度的变化进行分解研究和比较后发现，在上述经济体中，部门能源强度对整体碳强度变化的影响作用最大。Greening et al.(1998)运用滚动基年适应性赋权迪氏分解法，检验了 1971—1991 年 10 个 OECD 国家的制造业部门的总碳排放量。该研究发现，这些国家的总碳排放强度下降了 30%～70%，主要是由能源强度下降造成的。Shrestha et al.(1996)运用迪氏分解法对 1980—1990 年亚洲 12 个国家电力部门的碳强度的发展情况进行了研究。他们发现，研究对象中的大部分亚洲国家的电力部门的碳强度主要受到能源强度变化的影响。

大气的流动性要求我们从国际层面来考虑碳减排问题。Yang et al. (1997)基于 Kaya 等式,把 1990—2100 年全球碳排放影响因素分解为人口规模、富裕程度、能源强度、碳强度,进一步将全球细分为发达国家、中国及余下的欠发达国家三大区域。该研究发现,没有哪一个因素被证实是全球碳排放变化的明显主导因素,国家之间的文化、经济和政治环境具有重大影响。Sun et al. (1998)运用拉氏分解法研究了 1980—1994 年发达国家的碳强度的变化。他们发现,发达国家碳强度下降了 33.26%,其中能源强度的下降能够解释 70%的碳强度变化,另外 30%的变化由能源结构转变所造成。

(2)争议中的碳强度减排

虽然多数研究认为,能源强度是影响碳强度的主要因素,但 Yang et al. (1998)认为,碳强度可能是所有因素中对碳排放影响最大、最直接的因素,如果全球能源能实现能源去碳化,那么碳排放量将可以独立于人口、GDP 及能源强度三个因素之外,而仅仅受碳强度的影响。需要指出的是,他们将碳强度定义为单位能源消费(燃烧)所产生的碳排放,即单位能源碳排放量。Mielnik et al. (1999)将其称作碳化因素。由于能源强度这个指标仅由经济部门结构和能源利用效率两个因素决定,而且许多发展中国家和发达国家均在经历能源强度的下降(或者是因为能效的提升,或者是因为 GDP 发展速度更快),难以通过能源强度来辨别各国气候变化的发展类型。因此,从气候变化的角度来看,较之于能源强度指标,碳化因素是评估国家气候变化发展路径更有效的指示器。

但 Ang(1999)对上述论断提出了反驳意见。一方面,基于 Kaya 等式,碳化因素主要取决于能源结构和能源碳排放系数,在短时期内碳排放系数一般不变,而能源结构受一国资源禀赋与技术水平等的影响,变异性也较小。能源强度则受经济结构,气候,国家大小,人口密度,能源禀赋,经济发展程度与规模,能源结构及能源利用效率等多种因素的影响。另一方面,Ang 通过对前人相关的实证研究进行梳理后发现,绝大多数研究都证实,一国或地区或部门的碳排放变化主要受能源强度的影响,诸如碳化因素等的作用很小。但也不可否认,碳化因素在用于跨国比较等研究时,拥有数据兼容性等方面的计算优势,如消除了货币统一等因素的影响。

基于上述争议,Paul et al. (2003)以 OECD 国家、亚洲国家、非 OECD

欧洲国家及拉美国家的时间序列数据为样本，探索了碳化因素和能源强度在碳强度变化中的相对作用。他们发现，在 OECD 国家和亚洲国家中，碳化因素较之于能源强度指标在解释碳强度的变化中更具有说服力，但在非 OECD 欧洲国家及拉美国家中，能源强度则是更好的解释指标。因此，能源强度或者碳化因素孰优孰劣，不能从某段时期内某组国家的经验数据得到定论，不同地区不同程度的碳强度有不同的原因，包括数据中一系列解释因素的重大变化，如对经济产出的衡量、结构可比性。根据碳强度的定义和 Kaya 等式，碳强度实际上是能源强度（E/GDP）与碳化因素（C/E）的乘积，两者分别反映了碳排放变化的不同影响因素，因此，碳强度能涵盖更多的信息，更适合当作反映气候变化的指标。

综上所述，本阶段学者们对碳强度的研究具有一些显著的特征。从研究内容来看，主要依据 Kaya 等式，通过对碳排放的分解研究来探索碳强度变化的影响因素；从研究方法来看，绝大多数使用分解研究方法，或基于迪氏分解法，或基于拉氏分解法，Ang et al.（2000）对诸如此类的指数分解法进行了详细的研究；从研究对象来看，多数围绕着 OECD 等发达国家进行，尤其是对发达国家的制造业、电力等高能耗部门进行了深入研究；从研究结论来看，绝大部分研究认为能源强度是影响碳强度的主要因素。主要文献比较可见表 2-1。

表 2-1　早期碳强度研究的主要文献

作者	研究方法	研究样本	主要结论
Torvanger (1991)	迪氏分解法	1973—1987 年 9 个 OECD 国制造业	能源强度下降是碳排放强度下降的主要原因
Shrestha et al. (1996)	迪氏分解法	1980—1990 年 亚洲 12 国电力部门	大部分亚洲国家能源部门的碳强度主要受能源强度变化的影响
Ang et al. (1997)	迪氏分解法	1980—1990 年 中国、韩国制造业	部门能源强度对整体碳强度变化的影响最大
Sun et al. (1998)	拉式分解法	1980—1994 年 24 个发达国家	能源强度的下降能够解释 70% 的碳强度变化
Greening et al. (1998)	适应性赋权迪氏分解法	1971—1991 年 10 个 OECD 国制造业	总碳排放强度下降了 30%～70%，主要由能源强度下降造成

作者	研究方法	研究样本	主要结论
Yang et al. (1997)	Kaya 等式分解	1990—2100 年 全球	无法识别全球碳排放变化的主导因素,但碳强度可能是最大的影响因素

资料来源:作者根据相关文献整理。

2.3.3 碳减排目标方案的研究

《京都议定书》规定,2008—2012 年间,主要发达工业国家的温室气体排放量要在 1990 年的基础上平均减少 5.2%,并于 2005 年正式生效。而发展中国家担心承担碳减排任务会给经济增长带来压力,对碳减排缺乏热情。因此,如何提高发展中国家参与碳减排的积极性攸关全球气候变化应对的全局。1999 年,阿根廷提出了与 GDP 挂钩的碳强度减排目标,在很大程度上有助于发展中国家规避实施碳减排给经济增长带来的不确定性。由此,学术界掀起了一股"绝对量减排与强度减排何者更优"的争论。

(1)不确定性背景下的碳减排

发展中国家的担忧源于实施碳减排对经济增长带来的不确定性,从而影响国家做出减排的承诺。(Jotzo et al.,2007)而参与碳减排带来的收益究竟能否弥补不确定性造成的风险成本,是影响发展中国家决策的关键。Lutter(2000)率先对发展中国家参与《京都议定书》的成本收益及不确定性进行分析。Lutter 认为,发展中国家应当建立一种指数化的减排目标,以减少碳减排对经济增长带来的不确定性,这样会大大提高发展中国家参与国际碳交易市场所获得的积极性,从而产生更多的潜在收益,但是这种指数化的减排目标需要进一步讨论。Kallbekken et al.(2005)运用动态可计算一般均衡模型研究了发展中国家做出具备法律约束效力的承诺问题。通过将参与碳交易的收益与不确定性经济风险进行比较,他们发现,虽然参与碳交易市场具有更小的交易成本,但由于未来的碳排放存在不确定性,发展中国家从参与碳交易市场中所获得的收益很可能会小于减排承诺所带来的风险与成本。

有效应对和化解碳减排给经济增长带来的不确定性,是促使发展中国家参与全球碳减排的关键一环。考虑到经济层面如经济增长、就业和竞争力等,政府往往是风险厌恶型的,一个绝对的碳减排目标将会促使政府只制定一个非常简单的减排目标以确保经济发展不受影响。如此,全球减排将会受到极大影响。虽然动态的相对减排目标以环境绩效为代价来减少经济不确定性,但实际会导致更严格的排放限制,因为这样的目标减少了经济不确定性,从而使得许多国家尤其是发展中国家愿意做出减排承诺。阿根廷采取与GDP挂钩的相对减排目标无疑具有非常好的示范作用。一方面,阿根廷的决策可以促进一些重要的发展中国家做出类似的减排承诺,从而推动国际气候变化协议早日签署,以应对气候变化;另一方面,阿根廷自身不仅可以有效地参与到国际碳交易市场中获取减排收益,还能有效地将经济增长从碳减排的约束中释放出来。但相对于发达国家固定的绝对量减排目标,这样的目标机制究竟是否具有可行性,学者们众说纷纭。

(2)绝对量减排 VS 强度减排

Philibert et al.(2001)提出了五种可供选择的减排目标方案:固定的强制性目标、动态目标、非强制性目标、部门目标、政策和措施承诺目标。基于环保效率,成本效率,对经济增长和可持续发展的贡献及平等性等原则,他们认为,考虑到许多国家拒绝做出固定的强制减排承诺,非强制性目标和减排政策承诺带来的环保效果极为有限,未来最为稳健的减排目标承诺会是动态目标。

绝对量目标即实现碳排放量的绝对减排,否则会受到相应处罚。这种方案赋予国家实现既定减排目标的充分自由行动权,可以保证固定的环保绩效产出。但对于发展中国家来讲,由于生存发展是第一要义,固定的强制减排承诺会给经济发展带来压力,尤其是过高的强制性目标可能会将这种担忧过度放大,在短期内对大多数发展中国家不太适用。

动态目标不设定固定的排放上限,一个国家的排放额可以根据事先设定好的变量的变化而变化,如人口、进出口额及GDP等指标。碳强度指标就是动态目标的最典型代表。这种方法不仅保留了国家实施碳减排的充分自由行动权,还大大消除了碳减排的经济风险给发展中国家带来的担忧。这样会吸引更多的发展中国家加入全球碳交易市场,从而减少全球减排的成本。因此,以碳强度为代表的动态目标受到发展中国家的广泛欢迎。

Dudek et al.(2003)通过比较美国二氧化硫排放的绝对减排交易机制和清洁空气行动的绩效标准机制这两种实际案例,分析了强度方案与绝对量方案的利弊。该研究认为,虽然强度减排机制能减少二氧化碳减排带来的经济不确定性损失,但必须衡量这种经济损失与气候变化带来的毁灭性打击的损失的大小。而在国际气候变化协商中,强度减排机制会增加协商的复杂性,如 GDP 的计算方式、参照年份的选择等都会影响最终的结果,这会使得气候协商以系统瘫痪的可能性为代价获取较少的收益。但 Kolstad(2005)认为,强度减排目标不仅有助于减少减排控制成本的不确定性,将经济增长从碳减排的压力中释放出来,还可以吸引发展中国家积极参与到全球减排中。

虽然更多的研究认为动态的强度减排目标具有更大的优势,但在实际执行过程中,仍然有许多问题值得商榷。Barros et al.(2002)通过对阿根廷采取的温室气体动态减排目标进行研究,并把固定减排目标和动态减排目标进行对比后发现,阿根廷的动态碳强度目标并不适合绝大多数发展中国家。因为对于那些温室气体排放不仅仅依赖于 GDP 增长的国家来说,温室气体排放还有可能依赖诸如国际价格及市场条件等变量,价格指数的选择、相对统计权重的及时更新和基年价格都对碳强度承诺有重大影响。同样的减排量,用不同的通货表达方式来衡量,会得出不同的结果,不同部门、国家的产出价值的计算对指标统计结果影响重大。

综上所述,这一阶段的研究主要围绕着不确定性背景下温室气体排放目标方案的选择问题展开。虽然多数研究倾向于认为碳强度目标有助于减少经济发展的不确定性,适合发展中国家采用,但学界并未就此问题达成统一。实际上,直到中国和印度相继向国际社会做出碳强度减排目标承诺,该争论才渐渐平息。关于这一争论的代表性研究可以参见表 2-2。

表 2-2　碳减排绝对量目标与强度目标的比较

	优点	缺点
绝对量目标	保证固定的环保绩效产出; 对环保技术创新的激励更大; 降低人类遭遇毁灭性打击的可能性; 已被国际社会采纳,实行成本低。	容易给经济发展造成压力; 不利于吸引发展中国家参与; 容易造成"空头碳信用"; 碳减排收益存在较大不确定性。

续　表

	优点	缺点
强度目标	降低了碳减排给经济带来的不确定性； 吸引发展中国家参与，减少全球减排成本； 减少碳交易市场中的"空头碳信用"； 促使发展中国家做出更有效的碳减排承诺。	对变量统计精确性的要求更高； 国际协商和国际比较更复杂； 需认清 GDP 与碳排放间的关系； 主要适合发展中国家。
主要文献	Philibert et al. (2001)；Dudek et al. (2003)；Jotzo et al. (2007)；Muller et al. (2003)；Kallbekken et al. (2005)；Lutter(2000)；Barros et al. (2002)。	

资料来源：笔者整理。

2.3.4　中国碳强度目标研究

2009 年 11 月，中国宣布了 2020 年的减排目标，即到 2020 年实现单位 GDP 二氧化碳排放量在 2005 年的基础上下降 40%～45%。随后，印度也做出类似的碳强度减排承诺。作为世界上最大的碳排放经济体，在未来较长一段时期内，中国仍将采取碳强度减排的目标承诺方式。对中国的碳强度研究已成为世界碳减排研究的焦点之一。国际上关于中国碳强度的研究多基于两条线索：中国究竟能否顺利完成碳强度承诺？中国碳强度承诺的实现路径又是怎样的？

（1）中国能否完成碳强度承诺

中国的碳强度目标不仅在国际社会要求之内，而且与其经济社会发展目标内在统一。（Yuan et al. ，2012）Stern et al. (2009)运用随机前沿模型对中国和印度的碳强度减排承诺进行研究，结果发现，中国的碳强度减排承诺是非常具有挑战的，要想实现这一目标需要实行强有力的减排政策与措施；而印度的碳强度承诺则相对要简单得多，只需要较小的努力甚至是不花多少努力便能实现。Ma et al. (2012)发现，能源转换效率和产业结构是影响中国碳排放的两大因素，经济结构调整和第二产业的碳强度下降可以独立地影响中国的碳强度，当中国经济三次产业的结构调整为 6：40：54，且第二产业的碳强度降为 4.01 吨/万元（2000 年价格）

时,中国可以实现 2020 年的碳强度目标。中国的碳强度目标不仅是高远的,也是可信的。(Zhang, 2011)煤炭在我国能源使用结构中占据主导地位,Liu et al.(2014)认为,按照目前火力发电的发展现状和经济发展速度,中国基本上不可能完成碳强度减排目标。"十一五"末期,不少地方政府为完成碳强度减排任务不惜采取"拉闸限电"等不合理的方式,给刚刚从次贷危机中走出的经济造成重大影响。为避免重蹈覆辙,政府需要未雨绸缪。

(2)中国碳强度减排路径探析

一般来讲,碳减排的路径主要包括技术减排和结构减排。其中,技术减排主要是依靠技术创新提高能源生产与使用效率,结构减排则包括优化能源结构和调整产业结构两个层面。与国际社会的研究相似,能源强度对中国碳强度的变化发挥了主要作用(Fan et al., 2007; Zhang, 2009)。但是仅关注能源强度的下降并不够,还需要优化能源结构,调整产业结构,转变经济发展方式。王锋等(2011)运用协整技术和马尔可夫链模型预测了 2011—2020 年中国的碳强度趋势,通过设定 9 个组合情景,评估了优化能源结构对实现碳强度减排目标的贡献潜力。他们发现,无论是在经济高速增长还是低速增长的情境中,大力调整能源结构对实现碳强度减排目标的贡献潜力都非常大,达到 34.6%～47.6%。调整产业结构、转变经济发展方式是建设低碳经济的内在要求。张友国(2010)运用投入产出结构分解法实证研究了经济发展方式对中国 GDP 碳强度的影响。该研究发现,1987—2007 年,经济发展方式的变化使中国的碳排放强度下降了 66.02%,其中生产部门能源强度的下降使得碳排放强度下降了 90.65%,直接能源消费率的下降使得碳排放强度下降了 13.04%。但经济发展方式变化中也有不少不利于降低碳排放强度的因素,如中间投入结构的变化。它导致碳排放强度在整个研究时期内升高了 27.63%。

东、中、西部地区发展的差距一直是我国经济社会发展的一大基本国情,这决定了实现碳强度减排目标需要协同省际的节能与碳减排行动。Kang et al.(2012)对 2005—2009 年中国 30 个省区市的二氧化碳减排绩效进行评价,结果表明,GDP 增长是各省二氧化碳排放增长的主要原因,而能源强度则是各省实现二氧化碳减排的关键因素,但每个省份之间的二氧化碳减排绩效差别很大。有学者已经证实,中国省际的碳排放强度存在空间关联和聚集效应(Cheng et al.，2014),从能源消费的角度来看,能源强度、能源结构、产业结构和城市化率是塑造中国碳强度时空模式的决定因素。加强地区之间的合作交流,促进产业合理迁移,建立技术共享机制,是实现中国碳强度目标的现实路径。

中国能否完成碳强度目标,尚需时间的检验。但可以肯定的是,中国要想完成碳强度目标,需要付出艰苦卓绝的努力。其一,降低能源强度,主要是革新环保节能技术,提高能源利用效率,调整经济结构,大力发展低能耗产业;其二,优化能源结构,大力发展清洁能源;其三,建立区域之间协同减排机制,加强地区之间的合作。另外,强化节能意识,树立低碳生活的理念等也十分重要。

2.4　环境政策工具研究

碳排放的外部性大大降低了企业减排的积极性,市场自身无法解决环境问题的外部性,政府的介入成为必然选择。从早期的庇古税开始,学界对环境政策的研究及争论从未消减。

2.4.1　环境政策工具分类的研究

从20世纪50年代开始,日益恶化的环境迫使各国纷纷寻找各种政策工具。到目前为止,已经衍生出种类繁多的政策工具。由此,也引发了学界对环境政策工具的研究热潮。

洪大用(2001)认为,环境政策工具经历了三代历史演变:第一代是强制命令——控制型工具,如政府强制实施的污染物总量控制等;第二代是经济激励政策,如政府补贴、排污权交易等;第三代是自愿环境管制,如碳信息披露及自愿减排协议等。王彬辉(2006)指出,在OECD国家,环境政策可以分为命令控制工具、经济激励工具和劝说式工具三大类。刘婧(2010)认为,环境政策主要分为命令控制型政策、经济激励型政策、公众参与型政策三类。彭海珍(2006)则认为,应当根据主体的不同将环境政策工具分为自愿类和非自愿类;非自愿类是政府引导或者强制实施的命令——命令控制型与经济激励型政策;而自愿类环境管制则是企业自主选择是否参与的方式。杨华(2007)认为,环境政策工具可以分为两大类:命令控制型与经济激励型两类,即发挥"胡萝卜"——经济激励型政策与"大棒"——命令控制型政策两种作用,引导企业减排行为。宋德勇等(2009)从政策工具设计的经济学理论依据出发,将环境政策分为五类:基于市场失灵理论的低碳政策工具,基于产权理论的低碳经济政策工具,基于信息不对称、委托-代理理论的低碳经济政策工具,基于不确定性理论的低碳政策工具,基于生态工业学理论的低碳政策工具。

关于环境政策的分类,任何一种分类都是适用于一定条件的,但上述分类基本涵盖了目前主流的政策工具。通过对前人研究的梳理归纳,并结合当前环境政策发展趋势,笔者依据环境政策工具实施主体的不同将其划分为三个阶段:第一阶段是政府命令控制阶段,政府利用法规强制手段迫使企业采取措施将污染的费用内部化,主要体现为制定技术标准、绩效标准及强制处罚不达标企业;第二阶段是市场经济激励阶段,第一代工具留给企业的可操作空间有限,无法激励企业的技术创新行为,以排污权交易和碳税为代表的市场经济激励型政策工具开始走上舞台;第三阶段是社会公众参与阶段,环境资源为全世界共有的属性决定了解决温室气体排放的问题不能仅仅依靠政府和企业,应汇聚全社会的力量,资本市场上的碳信息披露和基于碳信息的绿色信贷政策成为新一代环境政策工具的代表。

根据罗小芳等(2011)对环境治理中的理论学派的研究,环境干预主义学派、基于所有权的市场环境主义学派及自主治理学派分别支撑了政府命令控制型、市场经济激励型及自约束管理型环境政策工具的衍生与发展。在此基础上,笔者构建了环境政策工具演进的框架(图 2-1)。在第一代政府命令控制型环境政策中,政府将企业视为管制对象并置双方于对立的位置,双方之间缺乏信息交流。行政命令由于具有强制性,取得了不错的减污效果,但存在效率低下、监管成本高、无法激励技术创新等弊端。在第二代市场经济激励型环境政策中,受基于所有权的市场主义学派的影响,诸如碳税、排污权交易、技术创新扶持等环境政策赋予企业充分的选择自由,激发了企业的积极性,政府与企业之间可以进行信息交流,提高了效率,降低了成本。但在此前两代环境政策中,社会公众均没有有效地参与其中。在基于自主治理学派的第三代政策工具中,政府、企业、社会公众之间存在充分的信息交流，整合了全社会的力量，为发挥三代环境政策之间的协同作用提供了基础条件。

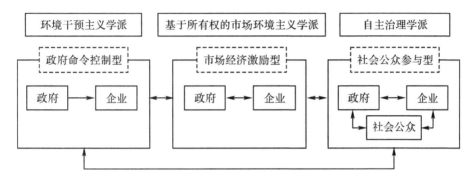

图 2-1　环境政策工具演进框架

2.4.2　政府命令控制型环境政策

（1）现实背景与理论基础

加尔布雷思、米山等代表的环境干预主义学派认为，市场是有缺陷的，基于环境的外部性，政府有必要通过法律、规章来保护环境。他们主张政府通过立法或制定行政部门的规章制度来确定环境规制的目标和标准，并以行政命令的方式传达给企业，对违反相应标准的企业进行处罚。这类政策工具直接通过标准和条款等来约束经济主体的行动，其政策工具表现为政府制定市场准入与退出机制，实施产品标准与产品禁令，设定技术规范、技术标准及排放绩效标准，制定生产工艺与其他强制性准则，以使各经济主体的行动更加符合社会的利益。

在早期，环境问题的危害性并没有引起人们太多的关注。政府虽然出台了一些地方性的法规来保护环境，但大多是指引性的规定，对企业的约束性有限。20世纪50年代以后，环境恶化，居民作为企业排污行为的直接受害者要求政府对企业实行环境管制。这一时期的企业普遍对政府环境管制持消极态度，环境管理意愿很低。为了达到理想的减污效果，政府更多地采用行政命令型环境政策，如企业环境目标责任制、限期治理制度、污染物排放标准、严重污染企业的关停并转、环境影响评价等。

（2）相关研究成果回溯

Milliman et al.（1989）考察了五种环境政策工具——命令控制、污染排放税收、污染排放补贴、自由配置许可证和投标许可证对厂商的作用，结果发现，在代表性厂商模型中，激励效果最差的是自由配置许可证和命令控制。孙鳌(2009)通过研究污染控制的静态效率与动态效率，对行政命令型环境政策工具与经济激励型环境政策工具进行比较，并指出了各自的适用条件。从总体来看，学界普遍认为，命令控制型环境政策工具存在明显缺陷，随着经济全球化的发展，环境问题的解决变得日益复杂，未来环境政策的取向必然是激励型政策工具替代目前正在实行的命令控制型政策工具。(刘丹鹤，2003；肖璐，2007)罗小芳等(2011)通过对各国实践的研究发现，命令控制型环境政策往往得不到企业的支持。他们认为原因有三：首先，企业认为，政府环境管制有失公平，应针对不同群体采取不同政策。由于早期的环境管制是为满足公众需要而进行的，带有很强的政治色彩，政府管制一开始就将企业置于其对立面。其次，企业认为，政府环境管制增加了生产成本，却不能带来任何生产性收益或使收益外化，对企业的竞争力带来负面影响。最后，一些企业担心不同国家或地区间的环境管制程度存在差异，会导致企业间竞争优势的不同，尤其是严格环境管制下的企业比弱环境管制下的企业失去更多竞争力。

2.4.3　市场经济激励型环境政策

(1)现实背景与理论基础

实践告诉我们，一个给定的技术方案或者政策往往只在某一个特定时段或者政治周期内是合适的。在强制性的政策管制下，企业几乎没有选择的余地，不被鼓励去寻找能够达到污染控制目标的其他有效的成本控制方法，而污染物超额削减量也不能给企业带来实质收益，企业没有动力去开发更清洁的技术。同时，单纯的技术标准与绩效标准并不代表对污染总体水平或环境污染水平的完全控制，技术达标的企业可能会导致更高的排放量。仅仅依靠政府主导的行政命令型环境政策无法有效解决上述问题。由此，基于所有权的市场环境主义学派的市场经济激励型环境政策应运而生，其两大代表人物分别为庇古和科斯。

20世纪20年代，美国经济学家庇古发表著名的《福利经济学》。庇古认为，厂商在生产活动中的排污行为存在外部不经济性，而厂商却不用为其外部不经济性行为付出代价，导致边际私人净产值与边际社会净产值的背离。污染的存在使得厂商获利，但却给社会带来不利影响。庇古建议政府根据污染所造成的损害对排污者收税，征税的额度应当等于污染所引起的边际社会损失，如此可以以税收形式弥补私人成本和社会成本之间的差距，将污染的成本加到产品的价格中去。这种税被称为庇古税，它赋予了污染者较大的权利，自由选择减少排污量的最佳方式，寻找成本最低的排污削减方法。作为我们遇到的最大的市场失灵的例子，环境问题依靠庇古税能否得到妥善的解决？企业理论的代表人物科斯对庇古税提出了异议。科斯认为，市场失灵依靠简单的税收政策来解决并不合适，因为税收等所带来的结果并不是人们所需要的，甚至也通常不是人们所满意的。产权理论认为，市场失灵问题与产权紧密联系，应当对环境资源等公共物品进行产权界定，才能实现对市场失灵的矫正。因为在产权得以清晰界定且交易成本为零的情况下，市场理性可以自行解决环境与资源问题，市场价格机制和技术进步即可改善资源的配置效率。

（2）相关研究成果回溯

在庇古税和产权理论的基础上，一系列的市场经济激励型环境政策工具衍生出来。以碳税、碳排放权交易为代表，国内外学者对此展开了激烈的讨论。

①碳税。碳税是庇古税的典型代表，早在 20 世纪 90 年代，欧洲发达国家如挪威、荷兰、瑞典等国已经开始征收碳税。国外较早研究碳税的学者如 Nordhaus（1993），他利用 DICE 模型研究了最优温室气体减排与碳税的关系。Hoel（1996）通过研究表明，对各经济部门所征收的碳税不应该有区别。Bruvoll et al.（2002）就挪威自 1991 年开始实施的碳税政策对温室气体减排的影响做了分析并发现：尽管碳税带来一定的税收，但是其减排效应已经不明显。Callan et al.（2009）研究了在爱尔兰实行碳税的效果，认为将税收收入用于公益事业可以缩小收入差距。

国内关于碳税的研究大致围绕着三个问题展开：征收碳税会给经济带来怎样的影响？中国要不要征收碳税？如何构建中国碳税框架体系？

征收碳税会给经济带来怎样的影响？国内对碳税的研究可以追溯到徐玉高等（1998）对国际碳税机制的研究介绍。马杰等（1999）在介绍讨论庇古的《福利经济学》的基础上，对碳税的由来进行阐述。贺菊煌等（2002）建立了一个用于研究中国环境问题的 CGE 模型，并用其静态模型分析了征收碳税对国民经济各方面的影响。魏涛远等（2002）采用中国可计算一般均衡模型研究了不同税率情况下征收碳税对国民经济的影响。研究发现：短期内征收碳税虽然使排放量显著下降，但会使中国经济状况产生大的震荡；从长远看，征收碳税的负面影响会不断弱化。高鹏飞等（2002）建立了一个中国 MARKAL-MACRO 模型，研究了征收碳税对中国碳排放和宏观经济的影响。结果发现，征收碳税会造成较大的 GDP 损失，研究还表明，存在一个减排效果最佳的税率水平——50 美元/吨。

中国要不要征收碳税？关于中国是否应该开征碳税，学界存在两种不同的看法。姜克隽（2009）提出，征收碳税对我国未来二氧化碳排放具有明显的抑制作用。苏明等（2009）利用 CGE 模型研究碳税对经济的影响，表明开征碳税会带来 GDP 和通货膨胀率的双下降，碳税税率越高，碳排放下降幅度就越大。陈诗一（2011a）认为，中国可以把碳税作为实现从传统税制向绿色税收改革的起点，在国内开征碳税以应对国外绿色贸易壁垒，把税收留在国内。张剑英等（2011）通过研究发现，征收碳税没有缩减企业劳动岗位，反而会推动我国经济发展。而刘洁等（2011）认为，虽然开征碳税能达到较好的节能减排效果，但考虑到中国现阶段的经济发展水平，短期内不适合开征。潘家华（2011）认为，中国企业和居民总体税负水平已经很高，开征碳税不利于中国的社会稳定和经济发展。

如何构建碳税框架体系？从目前来看，国内关于碳税框架体系的研究还处于初步探索阶段，主要依靠借鉴国外发达国家碳税经验进行比较分析，多为定性研究。张莉（2012）通过借鉴国际征收碳税的经验，并结合我国的具体国情，对我国征收碳税的实施方式、课税对象与课税环节税率等问题进行探讨。范允奇等（2012）从征税对象范围、税率设定、税收使用和税收优惠四个方面对北欧各国碳税政策进行对比分析，认为在制定税收政策时要特别注意税基设定、纳税环节、税的累退性、产业竞争力、税收减免和税率设定等问题，并提出，为了保护本国产业竞争力，除了政府要制定税收优惠政策以外，在税率设定时一般采用"前低后高"的模式。

②碳排放权交易。20 世纪 70 年代，美国将基于产权理论的排污权交易用于治理大气污染，奠定了系统的排污权交易政策体系的基础。关于排污权交易理论，国内外学者普遍关注的一个焦点问题是初始排污权分配方式的问题。由于环境资源日益紧缺，作为全球公民共有的资源，排

污权分配的公平性与合理性将直接关系到各国社会经济福利水平。目前，国际上主要的分配方案有三种：第一种是基于人均原则，即人人应当享有同等的环境政策与发展空间的权利。第二种是历史责任原则，环境问题的产生源于早期的工业革命，从历史积累的角度来看，已经完成工业化的欧美发达国家应当对环境问题负主要责任。第三种是继承式原则，即根据目前实际排放状况，将排放权按相同比例分配给现有排放者。

二氧化碳主要是化石能源燃烧的产物，在现有的技术条件下，大部分国家还是以化石能源作为主要能源来满足生产活动的需要，因此要发展就不可避免地要排放二氧化碳。但二氧化碳积累到一定程度时，其产生的危害就会超过其带来的经济收益，甚至带来灾难性的后果。人们意识到二氧化碳不可能无限制地排放，碳排放权就成了一种稀缺资源，具有商品的价值属性，因此可用于交易。与碳税相比，碳排放权交易是一种运用市场机制激励碳排放减少的工具。其起源于《京都议定书》所制定的三种减排机制：排放贸易机制（ET）、联合履行机制（JI）和清洁发展机制（CDM）。到目前为止，国外已建立了较为完善的碳排放权交易市场，如欧盟排放交易体系、芝加哥气候交易所。中国已经启动了深圳等七大碳交易试点工作，并计划于2017年启动全国性碳交易市场。国内关于碳交易市场的研究也尚处于初级阶段，主要关注市场有效性检验、配额分配方式及碳价格的影响因素等问题。

唐葆君等（2012）利用单位根检验和协整关系检验法实证检验了欧洲二氧化碳期货市场的有效性。高莹等（2012）使用小波分析和VAR模型对欧盟排放交易体系的市场运行机制、价格波动规律及市场有效性进行研究，结果发现，碳排放权价格受国际宏观经济形势及投资者对碳交易市场发展预期的影响较大，欧洲碳交易市场具有一定的市场有效性。周利等（2015）运用GARCH模型对欧盟碳交易市场上的碳配额价格行为及碳配额价格波动规律进行研究，计算了碳配额现货价格对数收益率的Hurst指数，并据此判断碳交易市场的有效性。他们研究发现，碳配额价格行为与碳配额交易市场的有效性相互影响。陈晓红等（2013）以美国芝加哥气候交易所为研究对象，从供给、需求和市场影响三个方面对自愿减排市场的碳交易价格的影响因素进行实证研究。结果发现：芝加哥气候交易所第一阶段合约配额价格的影响因素主要是配额供需，在第二阶段能源价格影响最大,且天然气价格是最主要的影响因素。

已对国内市场的研究。齐绍洲等(2013)通过总结欧盟和美国等发达国家的碳交易初始配额的分配经验,比较研究了拍卖、免费分配和混合配额分配模式的优点和缺陷。研究认为,中国在碳交易体系建设的初期应当选择以免费分配为主的渐进混合模式。李尚英等(2015)基于向量自回归模型,利用协整检验、格兰杰因果检验等计量研究方法对北京和天津碳现货的收盘价和成交量的关系进行实证研究,得出了北京碳市场的有效性强于天津碳市场的结论。张跃军等(2016)运用DFA方法研究了我国试点碳交易市场2013—2016年碳价收益率系列的分形特征,进一步运用滚动时间窗口技术计算了试点碳交易市场的时变Hurst指数。结果发现,我国试点碳市场的效率仍然较低,市场暂时无法发挥价格发现的作用。王庆山等(2016)建立了WDZSG-DEA模型,评价分析了2013年中国碳排放权交易元年的碳排放权分配效率。徐晓明(2016)认为,我国碳排放交易的单向拍卖模式效率较低,在2017年我国建立全国统一的碳排放交易市场后,可以尝试用连续双向拍卖理论来建立指导全国碳排放权双向拍卖的机制。

2.4.4 社会公众参与型环境政策

(1)现实背景与理论基础

全球环境的恶化引起了地球居民的强烈关注。自主治理学派的代表人物埃莉诺·奥斯特罗姆提出,人们在一定条件下能够为了集体利益而自发组织起来采取集体行动。奥斯特罗姆认为,传统的政府治理模式无法解决资源退化问题,甚至有些政府的政策加速了资源系统的恶化,相反,资源使用者的自主治理能解决这个问题。(柴盈等,2009)美国、澳大利亚等国曾单边退出《京都议定书》,逃避碳减排责任,但在民众与社会舆论的压力下以失败告终。近年来,国内外实行的政府和企业之间的环境自愿协议制度,各种非政府环保组织,碳标签制度,以"赤道原则"为代表的绿色金融等大受追捧,标志着社会公众参与型环境政策正在崛起。

(2)相关研究成果回溯

全球大气环境恶化掀起了"低碳经济"的浪潮,也激发了地球居民的低碳意识。在伦敦,关注气候变化对企业经营影响的机构投资者在2000

年自发进行了碳信息披露项目（Carbon Disclosure Project，CDP）。岳书敬（2011）认为，随着政府政策调控和公众低碳意识的觉醒，市场竞争会促使资本自发流向更具低碳发展潜力的企业。Muoghalu et al.（1990）以美国杂志、报纸上通告的法律诉讼为对象进行研究，结果显示，股票市场价值平均遭受1.2%的显著损失，诉讼通告平均会给被诉讼企业造成3 330万美元的净资产非正常损失，远大于传统处罚。Dan et al.（2011）研究发现，上市公司自愿性披露的社会责任信息质量越高，外部权益融资成本就越低。企业的低碳发展离不开雄厚的资金，以用于设备更新、技术改造和节能减排，强大的、持续的资金支持是企业实现绿色生产经营的坚强后盾。因此，低碳经济发展形势下的融资问题，成为企业发展的关键。（王宜刚等，2011）节能设备和技术创新往往需要投入大量资金，且回收周期长，存在较大风险，引入绿色融资机制成为必然选择。欧美国家已经形成比较成熟的碳金融市场，目前中国的碳金融市场发展尚处于起步阶段。我国碳金融产品大致有四类：CDM（Clean Development Mechanism）项目、绿色信贷、碳基金和碳理财金融产品。其中，CDM项目是我国参与国际碳金融市场的主要方式。绿色信贷是指为了遏制高能耗高污染产业的盲目扩张，提倡将贷款用于节能减排、保护环境的项目，是主要的碳金融支持方式。（盛小娇等，2011）绿色信贷的作用主要表现在两点：第一，引导资金流向，只有走低碳发展道路的企业才能享受金融机构的绿色信贷支持；第二，发挥信息中介作用，能获取绿色信贷支持的企业无形中被贴上了"低碳"的标签，自动向外界传达信息。（任勤，2012）

从早期的政府命令控制型环境政策到碳交易、碳税等市场经济激励型的环境政策，环境政策工具对控制温室气体排放发挥了重要作用。一方面，命令控制型政策工具的使用有助于在短期内控制碳排放；另一方面，市场经济激励型政策工具可以促使企业等通过技术创新获取低碳时代的红利。在经济转型的大背景下，中国必须贯彻落实创新驱动的发展战略，通过技术创新提高要素生产效率，打造新的经济增长引擎。

2.5 协同理论机制研究

在解决当前区域碳减排"1＋1＜2"的系统效率缺失问题上，协同理论具有很强的借鉴意义,相关的研究成果也较为完备。

2.5.1　协同机制研究

协同理论一经提出,便引起了众多管理学研究人员的兴趣,使得协同管理理论得到了迅速的发展和丰富。协同的魅力在于可以产生协同效应,即通常所说的"1+1＞2"。但是,协同效应是一个可正可负的概念,协同所带来的效应既可以是正的也可以是负的,并不是简单的"1+1＞2"的单边效应。因此,很多学者致力于发生正协同效应的机制研究,如:潘开灵等(2011)在提出管理协同含义的基础上,提出了管理协同机制的过程模型,并将管理协同的机制构造分为形成机制和实现机制,给出了形成机制中的评估机制和利益机制的定义和机理,对实现机制中的协同机会识别、协同价值预先评估、沟通、整合、支配、反馈等机制进行了阐述;赵昌平(2004)等讨论了战略联盟协同的内在机理,并在对协同机理进行分析的基础上,讨论了联盟伙伴决策者对联盟战略选择的偏好问题,用数学模型分析了众多联盟伙伴的战略选择与形成联盟结构的过程,并对其中的一些影响因素进行了讨论;王谦等(2003)等分析了并购企业双方的战略协同与资源协同这两个不同的角度对并购能否建立起协同机制进行了分析,为企业成功实施并购战略提供了参考依据;黄席樾等(2002)等从系统论的角度提出了一种在人与机器之间建立以 Agent 为中间体的人机协同机制,从而实现人与机器之间的柔性化信息交互接口,并分析了在这一人机协同新机制下人与机器各自作用的变化;张翠华等(2006)等研究了非对称信息下生产商与供应商之间的协同机制,提出了由订货量、惩罚成本和奖金三种激励方式相结合的协同机制。

2.5.2　协同管理研究

协同管理是指基于所面临的复合系统的结构功能特征,运用协同学原理,根据实现可持续发展的期望目标对系统实现有效管理,以实现系统协调并产生"协同效应"。(王君华,2006)陈剑辉(2005)对基于多智能代理决策系统的建设项目协同管理问题进行了研究。Hardwick(1997)、刘翔(2006)等提出了智能协同管理模式。所谓智能协同管理模式是依据客观事物普遍存在的因果性、对称性及矛盾性等规律,研究其协同链在动态多变、相互约束及相互促进的管理环境下,如何将企业外部资源和内部资源协同集成,辅助企业内部各个不停变动的环节依据环境变化对资源进行分配,并将企业的总目标与各个相互依赖环节的目标协调起来,体现企业经营的对称协调、均衡发展。余力等(2006)将信息科学领域的协同过滤算法思想引用到管理科学中,通过建立协同管理机制,充分发挥管理系统内各元素的相互作用。任金玉等(2005)等分析了供应链协同管理与传统供应链管理的差别,总结了供应链协同的具体形式,并根据现有供应链协同管理的研究对其层次结构进行了划分,供应链协同管理就是针对供应链网络内各职能成员的合作所进行的管理。吴鹏等(2005)对知识管理系统中协同工作的模式、框架进行了分析探讨,提出了智力协同框架模型,并分析了智力协同框架下智力资产的类型和作用,以及智力载体的类型。刘明周等(2005)在指出传统企业员工招聘模式不足的基础上,提出了基于协同管理模式的企业员工招聘模式,以实现企业员工招聘过程的快速化、集成化和有效化。

2.5.3　协同优化方法研究

协同优化(Collaborative Optimization,CO)可以降低问题求解的规模,减少编程和调试的工作量,适合于分布式并行计算,并有利于根据子问题的特点选择合适的求解技术。协同优化模型主要分为层次关联模型和非层次关联模型两大类:层次关联模型之间的耦合关系只存在于上下层模型之间;非层次关联模型的特点是子模型之间没有等级关系,它的求解方法是目前协同优化领域的研究热点。(薛彩军等,2005)李响等(2004)等针对现有协同优化算法中系统级协调算法计算量大且易发散等缺点,分析了协同优化系统级协调算法的几何意义,提出了子问题间信息不一致的问题,并在此基础上构建了一种新的系统级协调算法——动态松弛算法。白小涛等(2006)利用协同优化方法实现了四辊轧机机座的结构参数设计的优化。另外,协同优化问题分解后的子优化问题之间一般存在层次或非层次耦合关系,因此,研究关联模型中耦合变量的协调关系,开发高效的协同优化算法,是实现协同优化的基础,在这方面的研究主要有:张运凯(2004)等提出了协同进化遗传算法;刘卓倩等(2006)针对基本粒子群优化算法易陷入局部极值点、搜索精度低等缺点,提出了一种三群协同粒子群优化算法;李爱国(2004)提出了一种多粒子群协同优化方法;等等。

2.6　文献述评

区域碳减排效率提升成为当前研究的焦点,各个主体的协调发展是有力途径,明确减排主体微观行为的内在机理成为亟待解决的理论难题。

作为复杂系统的区域碳减排系统,各个系统成员基于个体效用最大化而采取的减排措施,往往由于协调不力而导致相互之间存在激励冲突。这种协调不力既表现为企业、地方政府与居民之间的行为决策差异,也表现为区域内部细分区域之间,由减排目标分解依据缺失所造成的无序竞争。而解决上述理论难题的关键就在于通过有效的方式揭示区域微观主体减排行为的内在机理,打开区域减排系统的"黑箱"。

立足区域减排目标的实现,丰富的政策工具能否带来最终的减排绩效仍是争论的焦点,评价政策对区域碳减排系统效率的影响是迫切的客观需要。

就政府可用的政策工具而言,先行的欧美国家为我们提供了较为丰富的政策工具集合,例如提高现有能源效率,优化能源结构,调整工业产业结构及产品出口结构,征收碳税,鼓励和引导居民消费行为模式的转变,等等。这些政策工具的有效性,实施的时机和力度如何影响区域碳减排系统的效率,成为当前地方政府制定相应政策、推进碳减排实施的理论依据。现有研究更多地集中于具体政策对个体行为的影响上,而立足区域系统全局模拟政策效果的研究还较为缺乏。

提升区域碳减排系统效率是一个多主体、多区域协调发展的过程,协同优化是推进区域碳减排的可行思路,但目前关于采用学科交叉和跨领域方式解决碳减排系统问题的研究还较为缺乏。

第 3 章 国际比较视角下经济增长与碳减排的协同研究

在全球经济不景气的后金融危机时代,发达国家对碳减排普遍缺乏热情。虽然世界各国都认识到了气候恶化问题的紧迫性,但就责任划分与气候变化援助资金落实等关键问题仍未达成世界范围内的共识。抛开政治层面的博弈,各国尚不确定实施碳减排与保持经济增长是否冲突,是阻碍达成全球共识的重要原因。(乔榛,2012)现有研究表明,经济增长与收入水平是推动能源消费与碳排放急剧增加的主要因素。(林伯强等,2011;袁富华,2010;涂正革,2012;赵爱文等,2012;马宏伟等,2012)当考虑到经济增长与就业等问题时,政府往往是风险厌恶型的(Kim et al.,2002),尤其对发展中国家来讲,平衡经济增长与碳排放之间的关系实为两难。

一定程度上,环境库兹涅茨曲线给这种两难的境地找到了一条出路。根据环境库兹涅茨曲线,二氧化碳排放量与人均 GDP 之间存在倒"U"形曲线关系:在经济发展的早期,碳排放量会随着人均 GDP 的提高而快速增长;当经济发展到一定程度时,环境质量会随着经济的发展而好转,因为较高的经济发展水平和消费者意识偏好的转变为环保提供了物质和技术支持。但也有学者认为,国家经济发展水平与碳排放强度之间的倒"U"形曲线关系只存在于更富于效率的部分高收入国家,不一定适用于中低收入国家。(Roberts et al.,1997)在当前的世界经济格局下,中低收入国家可能将长期处于价值链低端,且随着高收入国家将高污染企业的外迁,没有理由相信中低收入国家会继续沿着高收入国家的发展轨迹前进,很有可能许多国家无法达到环境库兹涅茨曲线中所说的拐点,而环境库兹涅茨曲线也很可能仅是暂时现象。(Bassetti et al.,2013)

库兹涅茨曲线是否适用于中国等新兴经济体,尚需时间检验。但库兹涅茨曲线所描述的经济增长达到一定程度时会反哺环境的现象与协同理论有共通之处。协同理论最早由德国物理学家哈肯提出。该理论认为,系统是一个由大量子系统以复杂的方式相互作用所构成的,若系统中各子系统要素能很好地配合并协同多种力量,便能集聚成一个总力大大超越原各自功能总和的新功能。从协同的视角来看,经济增长与碳减排是低碳经济建设的两个主要的子系统。杨裴等(2011)通过研究发现,中国经济增长质量与人均碳排放之间存在着"~"形的三次曲线关系,这种"~"形曲线特征表明,中国的经济增长质量和碳排放尚处于非平衡、难协同的发展阶段,属于波动较大的过渡期。王塑峰等(2012)通过构建一个线性规划模型,说明经济结构调整是同时实现两大目标的有效措施。因此,通过正确地实施提高能效和调整经济结构的策略,经济增长带来的碳排放量可以被能源效率提升所带来的排放量的减少所抵消,我们完全有可能在不降低经济效益的前提下减小碳强度。(Davidsdottir et al. , 2011)

基于此,本章拟从协同的视角探讨经济增长与碳减排的关系,通过构建经济增长与碳减排的复合系统协同度模型,以 1981—2013 年中国、印度、英国、美国和日本五国的能源消费数据、碳排放数据及相关经济发展数据为基础,测算五国的复合系统协同度。在此基础上,本章分别立足于整体时间序列、分阶段时间序列和关键年份时间点三个层面的比较,分析了五国经济增长与碳减排的协同趋势与发展差异,探讨差异形成的原因;特别地,依据灰色理论构建了灰色关联模型,以识别影响中国碳减排与经济增长协同关系的因素。

3.1 模型与指标数据选取

3.1.1 协同度模型

协同理论认为,协同是一个由大量子系统以复杂的方式相互作用所构成的复合系统。大量子系统的协同作用,使系统整体形成各子系统所没有的属性和功能。系统整体目标是引导系统内部各个子系统及部门相互协同的关键,若系统中各子系统要素能很好地配合、协同多种力量,就能集聚成一个总力大大超越原各自功能总和的新的功能。简单地说,协同学就是研究"1+1>2"的理论。根据协同学理论,系统从无序走向有序的关键是各子系统之间的协同作用,这种协同作用决定了系统演化发展的特征及规律。(H. 哈肯,1984)国内学者孟庆松等(1998)根据协同理论最早提出了协调度模型。徐浩鸣(2002)对协调度模型进行了完善,正式提出了协同度模型,该模型主要致力于研究系统内部发展的协调一致程度。借鉴徐浩鸣的研究,本章拟构建一个涵盖经济增长与碳减排两个子系统的协同度模型,来研究中国经济增长与碳减排之间的协同关系。一个完整的系统协同度模型由子系统有序度模型和复合系统协同度模型组成。

(1)子系统有序度模型

记经济增长子系统为 s_e,碳减排子系统为 s_c。对于子系统 s_e 和 s_c,设其发展过程中的序参量分别为 e_{hj} 和 c_{ij},其中 h 和 i 分别为子系统 s_e 和 s_c 中所包含的序参量个数,j 代表时间序列序号。对于 e_{hj} 和 c_{ij},分别有 $\beta_{hj} \leqslant e_{hj} \leqslant \alpha_{hj}$ 和 $\beta_{ij} \leqslant c_{ij} \leqslant \alpha_{ij}$,$\alpha_{hj}$ 和 α_{ij} 及 β_{hj} 和 β_{ij} 分别为子系统 s_e 和 s_c 的临界点上序参量的上限和下限,如果没有特定的标准,一般采用观测期范围内测度指标的最大值和最小值来代替。根据协同学的序参原理和役使原理,存在三种功效系数,即正向功效系数、负向功效系数和适度功效系数。

第一,正向功效系数。对序参量 e_{hj},如果其对系统有序度的贡献随着序参数变量的增大而增大,则称之为正向功效系数。其系数表达式为

$$U_j(e_{hj}) = \frac{e_{hj} - \beta_{hj}}{\alpha_{hj} - \beta_{hj}} \tag{3-1}$$

式(3-1)中,子系统 S_e 的正向功效系数为 $U_j(e_{hj}) \in [0,1]$。当子系统序参量为最大值时,该子系统对系统有序度的贡献值为最大值 1;当序参量取最小值时,其对系统有序度的贡献值为最小值 0。

第二,负向功效系数。对序参量 e_{hj},如果其对系统有序度的贡献随着序参量的增大而减小,则称之为负向功效系数。其系数表达式为

$$U_j(e_{hj}) = \frac{\alpha_{hj} - e_{hj}}{\alpha_{hj} - \beta_{hj}} \tag{3-2}$$

式(3-2)中,子系统 F_j 的负向功效系数为 $U_j(e_{hj}) \in [0,1]$。当子系统序参数变量为最大值时,该子系统对系统有序度的贡献值为最小值 0;当序参数变量取最小值时,其对系统有序度的贡献值为最大值 1。

第三,适度功效系数。对于子系统 S_e,若其序参数变量取介于 a_{hj} 和 e_{hj} 之间的某一数值 r_{hj}(适度值),该子系统对系统有序度的贡献达到最大

值,则称之为适度功效系数。其系数表达式为

$$U_j(e_{ji}) = \frac{\alpha_{hj} - e_{hj}}{\alpha_{hj} - r_{hj}} \tag{3-3}$$

或者

$$U_j(e_{ji}) = \frac{\alpha_{hj} - e_{hj}}{r_{hj} - \beta_{hj}} \tag{3-4}$$

在式(3-3)和式(3-4)中,$\beta_{hj} \leqslant r_{hj} \leqslant \alpha_{hj}$,$U_j(e_{hj}) \in [0,1]$。当子系统序参数变量取 r_{hj} 时,其对系统有序度的贡献值达到最大值1。

在功效系数的基础上,可以算出子系统对目标系统有序程度的贡献值:

$$I_e(e_{hj})(e_{hj}) = \sum_{h=1}^{n} \omega_h U_h(e_{hj}) \tag{3-5}$$

其中,$\omega_h \geqslant 0$,为序参量权重系数,$\sum_{h=1}^{n} \omega_h = 1$。$I_e(e_{hj}) \in [0,1]$,其取值越大,表明子系统有序程度越高,即自组织能力越好,系统演化发展越合理。

(2)复合系统协同度模型

假设在给定的初始时刻 t_0,子系统 s_c 的有序度为 $I_c^0(c_{ij})$,子系统 s_e 的有序度为 $I_e^0(e_{hj})$;在复合系统发展过程中的另一时刻 t_k,s_c 的有序度为 $I_c^k(c_{ij})$,s_e 的有序度为 $I_e^k(e_{hj})$,定义式(3-6)为经济增长与碳减排复合系统的协同度。

$$D_k = \text{Sig}(\cdot) \times \sqrt{|I_c^k(c_{ij}) - I_c^0(c_{ij})| \times |I_e^k(e_{hj}) - I_e^0(e_{hj})|} \tag{3-6}$$

当 $I_c^k(c_{ij}) - I_c^0(c_{ij}) \geqslant 0$ 且 $I_e^k(e_{hj}) - I_e^0(e_{hj}) \geqslant 0$ 时,$\text{Sig}(\cdot) = 1$;否则 $\text{Sig}(\cdot) = -1$。

由式(3-6)可知,经济增长与碳减排复合系统协同度是基于时间序列的动态分析得出的,$D_k \in [-1,1]$。当 D_k 取正值时,其数值越大表明当年的协同度越高,即两大子目标系统实现了协同发展;否则,我们认为两大子目标系统处于非协同发展状态。

3.1.2 变量选取

(1)碳减排子系统指标

根据 Kaya 恒等式,碳排放量可分解为人口、人均 GDP、能源强度和

单位能源碳排放量四项的乘积，该等式涵盖了影响碳排放的主要因素。因此，本章拟选取碳强度、人均二氧化碳排放量、非化石能源消费比重来测度碳减排子系统有序度，其中前两项为负向功效指标，非化石能源消费比重为正向功效指标。

第一，碳强度。碳强度是指单位GDP的二氧化碳排放量，根据Kaya等式，碳排放量等于GDP和碳强度的乘积。而碳强度则取决于能源强度和能源结构，其中能源强度主要受产业结构和能源利用效率的影响，因此碳强度较为全面地涵盖了影响碳排放的因素。为应对全球气候变化，以中国为代表的主要新兴发展中国家制定了一系列的碳强度减排目标。

第二，人均二氧化碳排放量。根据环境库兹涅茨曲线，经济增长与二氧化碳排量之间存在倒"U"形曲线关系。在发达国家，人均二氧化碳排放量大且多为享受性排放；在发展中国家，人均二氧化碳排放量很小但增速快，多为生存性排放。除了通过优化能源结构、产业结构及技术创新等手段以外，倡导低碳生活对碳减排也会产生重要影响。

第三，非化石能源消费比重。化石能源的燃烧是温室气体排放的主要来源，在资源约束与温室气体排放约束的双重作用下，提高非化石能源消费比重是应对气候变化的重要举措。研究表明，能源结构是影响碳排放和碳强度的关键因素。（Yang et al.，1998）

（2）经济增长子系统指标

从理论研究层面来看，经济增长与城市化之间具有相关性，二者之间存在相互促进的关系，而产业结构是否合理直接影响经济增长质量。从实践层面来看，发达国家的产业结构变迁一般都遵循着"农业—轻工业—重基础工业—重加工工业—服务业"的产业配置顺序发展。（曹新，1996）当前中国正处于工业化和城市化进程中，因此，本章选取GDP增长速度、产业结构和城市化水平来测度经济增长子系统的有序度，其中GDP增长速度为正向功效指标，产业结构和城市化水平为适度功效指标。

第一，GDP增长速度。该指标是国际通用的衡量一国经济发展水平的指标。改革开放以来，我国经济持续高速增长，但这是以能源高速消耗和碳排放急剧增长为代价的。在低碳经济时代，如何在保持GDP持续稳定增长的前提下实现碳排放量的减少是各国必须解决的问题。

第二，产业结构。选取第三产业增加值占当年GDP的比重进行度量。第三产业的性质决定了其具有低能耗的特征。当前我国正处于工业化和产业转型升级时期,第二产业比重高是碳排放快速增长的主要原因。调整产业结构,提高第三产业在国民经济中的比重,不仅是经济发展的要求,也是实现碳减排的重要途径。(王文举等,2014)

第三,城市化水平。以当年该地区城镇人口占年末常住人口的比例衡量。城市化水平是衡量一国经济发展水平的重要指标,主要发达国家的城市化水平均已达到 80%。当前中国正处于城市化进程中,距离发达国家的城市化水平还有较大差距,稳步推进城市化建设是缩小城乡差距,全面建设小康社会的重要一环。(张新平,2015)

3.1.3 数据来源与处理

本章拟选取 1981—2013 年中国、日本、英国、美国和印度五国的数据进行比较研究。本章所采用的原始数据来自世界银行、美国能源信息署及 OECD 门户网站。GDP 和人均 GDP 均以 1980 年为基期剔除物价因素影响计算得出,并计算得出相应的增长速度;第三产业比重以世界银行公布的服务业占 GDP 比重进行测度;碳强度以当年碳排放量除以实际GDP 得出。由于数据计量单位不同,需要对数据进行预处理。数据具体处理过程包括数据无量纲处理(标准化),根据相关复权法计算各变量的权重,计算子系统有序度和子系统协同度,计算复合系统协同度。

3.2 实证结果与分析

依据 3.1 的模型和数据,可分别计算出中国、印度、日本、英国和美国五个国家的经济增长子系统有序度(以下简称"经济有序度")、碳减排子系统有序度(以下简称"碳有序度")、经济增长子系统协同度(以下简称"经济协同度")、碳减排子系统协同度(以下简称"碳协同度")和复合系统协同度(以下简称"复合协同度"),限于篇幅,文中不详细列出。

3.2.1 基于时间序列的整体比较

根据计算结果,绘制五国复合协同度趋势图,具体见图 3-1。

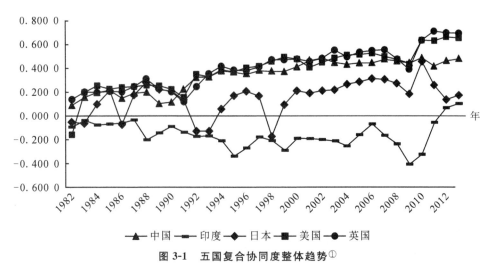

图 3-1　五国复合协同度整体趋势①

从整体来看,1982—2013 年,英国、美国和中国的复合协同度均呈现稳步提升的趋势且协同度较高;日本的复合协同度则波动比较大呈现振荡的态势;而印度的复合协同度长期为负,远低于其他四个国家。为了便于分析,笔者将五国 1981 年和 2013 年的相关数据予以列出对比,详见表 3-1。

表 3-1　五国相关数据对比

		英国	美国	中国	日本	印度
复合协同度均值		0.399 5	0.385 6	0.336 3	0.148 5	−0.158 3
GDP 增长速度均值		2.3%	2.8%	10.0%	2.1%	6.2%
碳强度 (公吨/万美元)	1981 年	10.66	15.83	72.23	8.35	16.81
	2013 年	3.83	7.34	20.86	5.98	13.49
非化石能 源消费比重	1981 年	5.34%	9.17%	4.50%	9.26%	2.34%
	2013 年	15.32%	16.51%	9.80%	5.25%	3.39%
人均二氧化碳排 放量(公吨/人)	1981 年	10.64	20.25	1.45	8.03	0.47
	2013 年	7.72	16.79	6.61	9.64	1.51

英国和美国的复合协同度均值分列五个国家的第一和第二位且复合协同度稳步提升,说明其经济增长与碳减排两大子系统之间的协同程度

① 注:图 3-1 中只标出了偶数年。

较高,低碳经济建设较为成熟。碳协同度的提升是英国和美国复合协同度稳步提升的主要原因。由表 3-1 可以看出,2013 年两国的碳减排子系统中的三个指标较之于 1981 年均有明显向好的趋势。

日本的复合协同度波动最大,其最主要的原因便是经济增长出现问题。自 20 世纪 80 年代中期开始,日元大幅升值引发房地产泡沫;90 年代初,日本房地产泡沫开始崩盘,给日本经济造成巨大影响,日本经济一度停滞甚至倒退;再者,1997 年亚洲金融危机给尚未恢复的日本经济沉重一击。经济增长子系统的大幅波动势必对复合系统的协同产生很大的影响。另外值得一提的是,2011 年日本核泄漏事件引发的"核电危机"使得日本的能源结构发生重大变化,短期内化石能源的使用比例快速增加,从而增加了碳排放量,降低了碳有序度。因此,2011 年后,日本的复合协同度出现明显的下行趋势。

就印度来看,其复合协同度长期为负,说明经济增长与碳减排没有实现协同发展。笔者根据研究发现:从 1981 年到 2013 年,印度的经济协同度有大幅提升(均值为 0.274 6);而碳协同度则长期为负(均值为 -0.142 6)。再参照表 3-1,在这 30 余年中,印度经济一直保持平稳快速增长,但碳减排子系统相关指标并没有得到明显改善。因此可以认为,印度仍然是在走一条以环境换取经济增长的道路。但值得注意的是,2012 年和 2013 年,印度复合协同度的取值为正,这也可以作为印度开始注重低碳经济建设的一个信号。

中国长期以来的复合协同度平稳增长,这似乎与人们的预期相反。改革开放 30 余年以来,中国经济实现腾飞,但环境破坏之严重也有目共睹。那么,为什么会出现经济增长与碳减排协同发展的"假象"呢?笔者认为原因有二:其一是经济的高速增长,其二则是碳强度的显著降低。根据表 3-1,从 1981 年到 2013 年,中国经济以年均 10% 的速度增长。一方面,经济高速增长会消耗大量能源从而产生巨大的碳排放量。另一方面,经济高速增长为技术创新提供了资金支持,技术创新进而会提高要素生产率,从而降低能源强度和碳强度。(张友国,2010;蔡凌曦等,2014)另外,经济增长为我国水电、风电、核电的开发提供了有力的支持,促进了能源结构的优化,这些无疑都有利于减少碳排放量。

3.2.2 基于阶段划分的比较

进一步,笔者进行了基于不同时间段的比较分析。本章的阶段划分基于以下关键事件:1992 年联合国环境与发展大会通过《联合国气候变化框架公约》,全球气候变化问题进入一个新阶段;2005 年,《京都议定书》第一承诺期正式生效,全球碳减排开始付诸实际行动。基于此,笔者将研究划分为三阶段,并分别计算了各个阶段相应的协同度均值,具体见表 3-2。

表 3-2　分阶段五国协同度均值

		中国	印度	英国	日本	美国
复合协同度	1982—1992 年	0.174 1	−0.101 8	0.206 8	0.088 0	0.202 1
	1993—2005 年	0.400 3	−0.219 8	0.448 7	0.132 5	0.433 2
	2006—2013 年	0.455 5	−0.170 4	0.584 5	0.270 4	0.560 7
经济协同度	1982—1992 年	0.322 0	0.048 0	0.202 5	0.051 5	0.146 8
	1993—2005 年	0.503 5	0.304 5	0.349 2	0.097 4	0.376 2
	2006—2013 年	0.682 6	0.537 5	0.436 9	0.291 6	0.399 2
碳协同度	1982—1992 年	0.103 1	−0.134 3	0.236 6	0.380 6	0.320 2
	1993—2005 年	0.325 5	−0.189 3	0.579 4	0.358 0	0.502 8
	2006—2013 年	0.306 8	−0.078 0	0.803 0	0.309 1	0.801 4

根据表 3-2,从复合协同度来看,除了印度以外,其他四个国家分阶段的协同度均值均为正且呈现稳步提升的趋势,而印度的复合协同度均值为负且呈波动趋势。在此,笔者将五个国家分为发达国家和发展中国家两组进行讨论。

首先来看发达国家。英国和美国是复合协同度最高的两个国家,前文已经指出,在经济增长较为平缓的背景下,碳协同度的大幅提升是促使两国复合协同度提升的主要原因。从第一到第三阶段,英国经济协同度始终处于平缓增长的状态,但其碳协同度均值却从 0.236 6 增长到0.803 0。同样,由于 20 世纪 80 年代经济发展陷入滞涨状态,美国在第一阶段的协同度较低,而随着苏联解体,美国独霸世界的格局趋于形成,美国的经济形势逐渐好转,但受制于金融危机、恐怖袭击和对外战争等诸多因素,经济增长速度较为缓慢。美国的碳协同度从第一阶段的 0.320 2 增长到第三阶段的 0.801 4。实际上,在经济增长放缓的背景下,英国和美国等意图通过发展低碳经济来打造新的经济增长引擎,如新能源开发、碳排放交易市场的建立无疑将是世界经济发展的重要方向。而日本作为世界经济强国,其复合协同度远低于英国和美国,甚至低于中国,其重要原因是日本一直忙于应对国家经济下行危机。根据表 3-2 可以看出,在三个阶段中,日本的经济协同度是五个国家中最低的,虽然在第三阶段实现了较大的提升。在经济几乎处于停滞的状态下,日本的碳强度并没有显著下降,人均二氧化碳排放量略有增长,再加上受核泄漏事件的影响,化石能源消费比重快速上升,这些无疑都会降低日本的碳协同度。

再来看发展中国家。印度是五个国家中经济协同度增长幅度最大的国家,但也是仅有的一个三阶段碳协同度均值始终为负的国家,由此可知印度仍处于牺牲环境换取经济的粗放发展阶段,没有实现经济增长与碳减排的协同发展。而中国则是经济协同度最高的国家,虽然高速的经济增长可以反哺碳减排,但碳协同度的增长幅度明显小于经济协同度的增长幅度,这无疑制约了复合协同度的提升。对于中国来说,除了经济高速增长带来的高能源消耗和高碳排放量以外,"富煤、贫油、少汽"的资源禀赋也不利于中国的碳减排。另外,通过阶段比较可以发现,发展中国家的经济协同度及其增长幅度都要显著大于发达国家;而发达国家的碳协同度则要高于发展中国家。根据环境库兹涅茨倒"U"形曲线,在曲线的上行阶段,随着经济增长,环境快速恶化;而当经济增长到一定程度时,经济增长会反哺环境保护。印度无疑正处于曲线的上行阶段,而发达国家则处于环境库兹涅茨曲线的右端,因而造成了两类国家经济协同度和碳协同度的差异。

3.2.3 基于关键年份的比较

在阶段分析的基础上,笔者通过筛选离群值发现:2008 年和 2009 年,五个国家的复合协同度均出现大幅度下降;2012 年是《京都议定书》第一承诺期的收官之年。因此,笔者拟选取 2009 年和 2012 年进行进一步分析,相关数据可参见表 3-3。

表 3-3   2009 年和 2012 年五国协同度比较

	经济协同度		碳协同度		复合协同度	
	2009 年	2012 年	2009 年	2012 年	2009 年	2012 年
中国	0.642 3	0.616 6	0.302 7	0.340 8	0.440 9	0.458 4
印度	0.595 1	0.459 7	-0.278 5	0.009 7	-0.407 1	0.066 6
英国	0.178 6	0.490 7	0.832 1	0.975 7	0.385 5	0.691 9
日本	0.063 0	0.404 4	0.511 8	0.044 4	0.179 6	0.134 0
美国	0.215 9	0.468 4	0.854 2	0.971 9	0.429 4	0.674 7

根据表 3-3 可以看出,2009 年到 2012 年,印度、英国和美国的复合协同度均有大幅度提升,而日本则因 2011 年核泄漏导致碳协同度下降从而引发复合协同度的下降,中国的复合协同度几乎没有变化。究其原因,2009 年到 2012 年中国经济受全球金融危机影响,出口锐减、国内居民消费乏力和地方政府债务问题等因素造成经济增长速度放缓;而碳协同度并没有明显提升,从而导致复合协同度处于停滞状态。印度则在 2012 年首次实现了复合协同度大于零的突破,碳协同度的大幅提升是关键所在,说明在全球碳减排形势日益严峻的背景下,印度也逐渐走上了注重"低碳"的道路。

值得注意的是,英、美、日三个发达国家,从 2009 年到 2012 年,经济协同度均有明显提升,而印度和中国则呈现不同程度的下降。与此同时,美国和英国的碳协同度继续保持稳步提升,在 2012 年,英美的复合协同度远高于中国。笔者认为,其原因至少包括两点:其一,金融危机期间,欧美发达国家经济疲软,印度和中国的出口大幅缩水,因此经济协同度下降;同时以美国和日本为代表的发达国家不断推出量化宽松的货币政策刺激本国经济,借中国和印度等发展中国家的"血液"疗"金融危机之伤"。其二,英美发达国家注重低碳经济建设,积极打造低碳经济增长新引擎。

3.3 中国经济增长与碳减排协同发展的影响因素

3.3.1 灰色关联模型

依据协同度模型,我们可掌握观测时段内中国经济增长与碳减排的协同关系,进一步探索影响复合协同度的关键因素,有助于笔者提出有针对性的策略。由于中国实施碳减排的时间尚短,相关数据不够充分,如何通过有限的数据挖掘有效信息来探索影响中国经济增长与碳减排协同度的关键因素?灰色理论提供了一种有效途径。灰色理论最早由邓聚龙教授于1984年正式提出。该理论认为,尽管系统的信息不够充分,但系统必然是有特定功能和有序的,有某种外露或内在的规律,我们可以从灰色系统现有信息出发,探讨系统变化发展的规律。基于灰色理论发展而来的灰色关联模型常常被用于探讨系统内部要素之间的联系。本章拟构建灰色关联模型,计算各因素与复合协同度的综合灰色关联度,以探索影响经济增长与碳减排复合协同度的因素。

笔者以复合协同度为参照序列,记作 X_0,将其与复合系统中的各变量数列进行比较研究。其他变量记作 X_i,$X_i = \{X_i(1), X_i(2), \cdots, X_i(n)\}$。在这里,$i$ 表示参照序列和比较序列的序列号,n 表示时间序列中数值的个数。综合关联度的计算分为三步:首先,计算灰色绝对关联度;其次,计算相对关联度;最后,计算综合关联度。

3.3.2 实证结果与解读

根据灰色关联模型,笔者算得各变量与复合协同度的综合关联度,具体结果见表3-4。

表3-4 各变量与复合协同度的关联度

	综合关联度	绝对关联度	相对关联度
碳强度	0.705 9	0.797 9	0.614 0
非化石能源消费比重	0.597 3	0.643 6	0.546 4

	综合关联度	绝对关联度	相对关联度
GDP增长速度	0.530 6	0.511 0	0.550 1
产业结构	0.529 4	0.511 6	0.547 2
城市化水平	0.518 2	0.502 5	0.533 9
人均二氧化碳排放量	0.514 4	0.510 1	0.518 7

根据表3-4，在各变量中，与复合协同度的综合关联度最大的两个变量是碳强度和非化石能源比重，两者与复合协同度的综合关联度分别为0.705 9和0.597 3，明显高于其他变量，说明碳强度和非化石能源消费比重对复合协同度的影响最大。

碳强度对观测期间的经济增长与碳减排协同发展的影响最大。这也证实了碳强度在中国碳减排中发挥了主要的积极作用。过去30余年，中国经济发展方式粗放，以廉价的劳动力和高能耗为支撑。尤其是加入WTO以后，中国成为世界工厂，"中国制造"的产品在世界市场中多处于价值链低端，却要为国际社会的碳排放买单。对于"一带一路"的建设，在清洁能源开发利用有限的情况下，要想有力降低碳排放量，必须降低碳强度，促进技术创新，调整产业结构，转变经济发展方式。

能源结构对碳排放量也有着至关重要的影响。多年来，中国"富煤、贫油、少气"的资源禀赋决定了煤炭在中国初次能源消费中占据主导地位，由此产生了巨大的碳排放量。但这也决定了中国有很大的潜力通过优化能源结构来实现碳减排。实际上，碳强度可能是对碳排放影响最大最直接的因素，如果全球能源能实现去碳化，那么碳排放量将可以独立于人口、GDP及能源强度这三个因素，只受碳强度的影响。中国政府在提出"十二五"期间实现非化石能源占一次能源消费比重达到11.4％的目标后，又提出了2020年非化石能源消费占比15％和2030年非化石能源消费占比20％的战略目标。在化石能源等资源日益稀缺的背景下，大力发展清洁能源，不仅是应对气候变化的要求，更是抢占未来世界竞争主导权的关键一环。

3.3.3　研究结论与启示

本章通过构建经济增长与碳减排复合协同度模型，测算了1982—

2013 年中国、印度、英国、美国和日本五国的协同度,通过国别间的比较得出结论:①1982—2013 年,五国复合协同度均值大小依次为英国、美国、中国、日本、印度;②从碳协同度来看,发达国家要高于发展中国家;从经济协同度来看,发展中国家要高于发达国家;③通过关键年份的比较,当前中国经济增长和碳减排复合协同度处于停滞状态。

当前中国正处于工业化和城镇化时期,面临着建设全面小康社会和社会主义和谐社会及跨越中等收入陷阱等一系列难题。在经济转型的大背景下,随着人口红利和制度红利的逐渐消失,中国经济增长速度趋缓将成为新常态。中国政府提出的"一带一路"倡议将成为引领世界经济增长的重要引擎,但这也无疑会大大增加全球碳排放量,加剧气候恶化问题。为了防止西方发达国家通过打"低碳牌"来遏制"一带一路"倡议,中国需要打造一个低碳化的"一带一路"。笔者认为,降低碳强度与提高非化石能源消费比重是实现经济增长与碳减排协同发展的重要抓手,具体来看,可以从以下几方面着手。

第一,融合"南北"优势,加快技术创新。技术进步是碳减排的主要途径之一。"一带一路"倡议作为人类建设政治互信、经济融合、文化包容的利益共同体、命运共同体与责任共同体的重要载体,可以有效促进南北合作。具体地,就是要加强技术研发与合作,提高能源生产与利用效率,促使发达国家的资金与技术参与到发展中国家的基础设施与低碳经济建设中去,实现两者的融合,促进全球碳减排与经济增长的协同发展。同时,中国自身必须贯彻落实创新驱动的发展战略,通过技术创新提高要素生产效率,挖掘经济增长源泉。根据前文可知,发展中国家具有较高的经济协同度而发达国家具有较高的碳协同度。发展中国家具有后发优势和较强的经济增长潜力,但缺乏技术和资金;而发达国家由于发展较为成熟,经济增长潜力较小,但具备技术和资金优势。

第二,开发清洁能源,促进"去碳"发展。在资源锐减和气候环境恶化的双重约束下,开发与使用清洁能源,实现去碳化发展具有极其重大的现实意义。中国作为"一带一路"倡议的主导国,受制于自身能源禀赋等因素,其清洁能源消费比例不到 11%。但好消息是"一带一路"沿线国家具有非常丰富的风能与太阳能资源,例如:"丝绸之路经济带"沿线国家多属于内陆型气候,太阳能资源丰富,而中国西北边疆也有着非常丰富的风电资源；"21 世纪海上丝绸之路"的沿线国家则具备着海上风电开发与合作的巨大潜力。加强清洁能源领域开发与利用的合作是打造低碳化"一带一路"的重要立足点。"一带一路"倡议的推进会带动沿线国家的基础设施建设与经济增长，这无疑会耗费大量的能源。在化石能源与气候环境的双重约束下，开发与使用清洁能源，实现去碳化发展具有极其重大的现实意义。在低碳经济时代，清洁能源的开发与利用是抢占未来国际竞争战略制高点的主战场。

第三，优化产业结构，提升增长质量。当前，"一带一路"倡议主要关注基础设施建设领域，但这些只是为沿线国家经济、文化交流与发展所做的基础工作。优化产业结构，提高经济增长质量，促进可持续发展是"一带一路"必然要面对的问题。实际上，"一带一路"沿线国家涵盖了三大古人类文明——两河流域文明、印度恒河流域文明和黄河流域华夏文明，人类在此创造了灿烂的文明。这些为发展文化创意产业、旅游业及打造"一带一路"新名片提供了非常好的基础。借此，我们不仅可以将"一带一路"建设成为高质量的经济发展之路，更可以建成为文化传播之路。

第4章 中国区域碳减排系统微观机理分析

从哥本哈根会议到巴黎会议,二氧化碳减排一直是全球关注的热点,各国对碳减排的必要性已形成共识。2015 年 12 月 12 日,各缔约国在联合国气候变化大会上达成了《巴黎协定》,其要求各方应保证把全球平均气温相比较工业化前水平的升高幅度控制在 2℃之内,进一步为把升温幅度控制在 1.5℃之内而努力,发达国家将继续带头减排,并加强对发展中国家资金、技术和能力建设的支持,帮助后者减缓和适应气候变化。同时,中国政府也明确提出于 2030 年左右二氧化碳排放量达到峰值,到 2030 年非化石能源占一次能源消费比重提高到 20%左右,2030 年单位国内生产总值二氧化碳排放量比 2005 年下降 60%～65%,森林蓄积量比 2005 年增加 45 亿立方米左右,全面提高适应气候变化能力等的强化行动目标。这一系列目标的实现,必定需要具有更为明确的针对性和更为良好的可操作性的碳减排政策,以提升区域协作和微观主体行为的协同。

与其他西方国家不同,自分权制改革后,我国地方政府在经济资源的掌握上有着极强的控制力度,并且我国市场经济具有政府导向性,从而使地方政府有着更强的实现自身利益最大化的手段。(金丽国,2007)因此,在笔者的研究中,地方政府将作为除居民和消费者外的第三个经济主体。我国的地方政府不再是我们通常意义上的"福利型"地方政府,而更多的是"经济型"地方政府。同样,在制定和实施碳减排的相关政策时,地方政府扮演着重要角色。地方政府强烈的趋利动机决定了地方政府在制定当地二氧化碳减排标准时以自身利益最大化为前提。而地方政府往往会追求当地资本投资最大化,从而增加财政收入。

根据"污染天堂"假说,污染型企业为了自身成本最小化,会选择从环境污染规制强度大的区域转向环境污染规制强度小的区域。在实践中,我国地方政府为追求本地区投资份额的最大化,往往会选择牺牲环境来换取更多的投资份额。因此,在中央政府无强制性减排措施时,地方政府会选择不设定二氧化碳减排标准。然而,Copeland et al.(2004)认为,污染天堂假设与污染天堂效应是两个不同的概念,两者的区别在于:污染天堂假设成立的前提为环境规制强度是影响产业转移的唯一或者最重要的因素;而污染天堂效应认为,在考虑产业转移时,不仅要考虑环境规制这一影响因素,而且其他因素如初始禀赋、劳动力等也可能对产业转移产生影响。

在二氧化碳减排标准、初始禀赋及当地人口等因素的影响下,地方政府制定二氧化碳减排标准有其微观机理。因此,传统的经济学很难对这些空间特征进行刻画,而新经济地理学能够比较好地刻画包含这些因素的产业转移问题。(梁琦,2005)新经济地理学为区域政策分析提供了微观基础,从而让有关环境污染、管制政策及企业区位关系问题的机理研究成为可能。只有基于微观行为的区域经济政策才可能有效促进区域经济发展。新经济地理学的基础之一是中心-外围模型(Core-Periphery, CP模型)。(Krugman,1991)污染管制会影响到区域的资本收益率,从而使企业发生迁移。而CP模型将劳动力作为唯一的投入要素,资本没有被纳入模型中,因此,传统的CP模型对分析环境管制问题的适用性是有限的。为了解决这一问题,Martin et al.(1995)在CP模型的基础上加入了在区域之间可以自由流动的资本要素,从而构建了FC(Footloose-Capital)模型。此后Rieber et al.(2008)、Rauscher(2009)及梁琦等(2011)都在FC模型框架下分析环境污染和企业区位的关系。但本章研究的二氧化碳减排与普通意义上的环境污染是有区别的,主要体现在:二氧化碳是一种温室气体,它具有很强的流动性,即一个地区减少排放量,其他地区几乎收到同等的收益;而普通污染物的流动性较弱,因此表现出较强的地方性。因此在分析二氧化碳减排规制问题时,以往模型的适用性就受到了限制。基于此,Zeng et al.(2009)在研究中引入农产品劳动力生产率这一变量,这一变量只受各区域二氧化碳减排政策的影响,即为政策变量。这一变量的引入使得二氧化碳减排问题有别于一般的环境污染问题。

本部分以Zeng et al.(2009)提出的模型为基础,基于本章的研究目的,将"经济型"地方政府的决策行为内生化,形成厂商、居民及地方政府三个区域主体。本章研究内容安排如下:首先,构建基础模型,地方政府在实现自身效用最大化的前提下制定二氧化碳排放标准,厂商则根据居民的需求及当地的二氧化碳减排标准做出生产决策;其次,模型分析,区域间地方政府为争夺当地的投资份额而进行博弈,最终产生均衡的二氧化碳减排标准;最后,对模型分析进行总结,提出理论假设。

4.1　模型的基本假设

第一,经济体只有两个部门——制造业和农业。农业是完全竞争的,供给单一产品,并且具有规模报酬不变的性质。制造业部门则是寡头竞争的,供给大量的差异化产品,并且具有规模报酬递增的性质。

第二,将经济体分为两个区域——北方和南方。对于农产品来说,在两个区域销售无须运输成本,而制造品在两个区域之间销售需要运输成本,运输成本遵循塞缪尔森的冰山成本。

第三,农产品的投入要素只有劳动力,制造品的投入要素包括劳动力和资本。

4.2　模型推导

本章是基于新经济地理学来对地方政府之间减排力度的博弈进行分析讨论的。本部分将采用迪克西特-斯蒂格利茨的垄断竞争模型来分析,在政府规定减排力度的前提下,消费者对农产品的消费选择及厂商对制造品生产量的决策。垄断竞争条件下,厂商的行为应满足以下三个条件:

①每家厂商都在按它的需求曲线上的价格和产量组合出售产品;

②给定所面临的需求曲线,每家厂商都在追求利润最大化;

③新厂商的进入使每家厂商的利润将为0。

因此本部分的模型将根据以上三个条件进行推导。首先根据消费者的消费选择求出产品的需求曲线,然后厂商根据需求曲线选择利润最大化的价格和产量组合,最后求出厂商利润为0时两个区域的资本回报率方程。

4.2.1　需求曲线（消费者行为）

所有消费者都具有相同的偏好，效用函数可表示为

$$U = C_M^\mu C_A^{1-\mu} \tag{4-1}$$

其中，C_M，C_A 分别表示消费者对制造品和农产品的消费量，C_M 表示制造品消费量的综合指数，μ 则表示制造品的支出份额，$0 < \mu < 1$。并且有

$$C_M = \left[\int_0^{n^w} c_{(i)}^{1-\frac{1}{\sigma}} \, di \right]^{\frac{1}{1-\frac{1}{\sigma}}}, \quad n^w = n + n^* \tag{4-2}$$

σ 是不同制造品之间的替代弹性，$\sigma > 1$。n，n^* 分别为北部和南部的厂商数量，n^w 则表示南北两地的厂商总数。由式（4-2）可知，制造品之间的替代弹性保持不变，其值为 $1 - \dfrac{1}{\sigma}$。

要求消费者在预算约束的条件下实现效用最大化，这一问题可分为两部分：首先在 C_M 既定的条件下求制造品支出最小化的产品消费量组合，然后根据制造品的消费方程求出效用最大化下的制造品需求函数。

（1）制造品支出最小化

消费者面临的问题是

$$\min \int_0^{n^w} c_{(i)} p_{(i)} \, di$$

St.

$$C_M = \left[\int_0^{n^w} c_{(i)}^{1-\frac{1}{\sigma}} \, di \right]^{\frac{1}{1-\frac{1}{\sigma}}} \tag{4-3}$$

其中，$p_{(i)}$ 是制造品 i 的价格，此时最小化的一阶条件为边际替代率＝价格比率，即

$$\frac{c_{(i)}^{-\frac{1}{\sigma}}}{c_{(j)}^{-\frac{1}{\sigma}}} = \frac{p_{(i)}}{p_{(j)}} \tag{4-4}$$

整理得

$$c_{(i)} = \left[\frac{p_{(i)}}{p_{(j)}} \right]^{\sigma} c_{(j)} \tag{4-5}$$

将式（4-5）代入式（4-4）得

$$c_{(i)} = \frac{C_M p_{(i)}^{-\sigma}}{\left[\int_0^{n^w} (p_{(j)})^{1-\sigma} \, dj \right]^{\frac{1}{1-\sigma}}} \tag{4-6}$$

式(4-6)为制造品支出最小化的产品组合方程。消费品的最小支出为

$$\int_0^{n^w} c_{(i)} p_{(i)} \, \mathrm{d}i = C_M \left[\int_0^{n^w} (p_{(i)})^{1-\sigma} \mathrm{d}i \right]^{\frac{1}{1-\sigma}} \tag{4-7}$$

(2)农产品和制造品的消费选择

消费者在收入既定的条件下,实现效用最大化,其面临的问题是

$$U_{\max} = C_M^{\mu} C_A^{1-\mu} \tag{4-8}$$

St.

$$p_A C_A + p_M C_M = E \tag{4-9}$$

其中,p_A,p_M 分别为农产品和制造品的价格,E 表示北部消费者的收入水平。

解决上述最大化问题的拉格朗日条件为 $C_M^{\mu} C_A^{1-\mu} - \gamma(p_A C_A + p_M C_M - E) = 0$。

解得

$$C_M = \frac{\mu E}{G} \tag{4-10}$$

$$C_A = \frac{(1-\mu)E}{p_A} \tag{4-11}$$

其中,$G = \left[\int_0^{n^w} (p_{(i)})^{1-\sigma} \mathrm{d}i \right]^{\frac{1}{1-\sigma}}$ 表示制造品的价格指数。

将式(4-10)代入式(4-6)得制造品的需求函数为

$$c_{(i)} = \frac{p_{(i)}^{-\sigma} \mu E}{\int_0^{n^w} (p_{(i)})^{1-\sigma} \mathrm{d}j} \tag{4-12}$$

4.2.2 价格和产量组合(厂商行为)

笔者假设经济体中有两种要素,一种是在区域间不可流动的劳动力,另一种是在区域间可流动的资本。厂商同时采用这两种要素,而农产品的生产只需劳动力。两个区域的生产技术和贸易开放程度相同。

在典型的 CP 模型中,厂商成本函数表示为 $C = \pi + lwx$,其中 x 为产量,π 为资本投入,w 为劳动报酬,l 为单个厂商的劳动力,此式表示单位产品需要一单位的资本投入和一单位的劳动力投入。由于资本的拥有者

和使用者是可以分离的,笔者将北部资源禀赋表示为 K,而资本则用厂商数量 n 表示(每个厂商采用一单位资本),同样南部的资源禀赋和资本分别表示为 K^* 和 n^*,并且有 $K^w = n^w$,其中 $K^w = K + K^*$。在模型中,笔者规定资本的拥有者在区域间不具有流动性,因此资本在区域间发生流动时,其报酬仍属于原区域。即

$$E = K\pi + Lw \tag{4-13}$$

其中,K,L 分别表示北部的资源禀赋和劳动力,是已确定的常量。

本章旨在研究地方政府在追求当地投资最大化的前提下,如何选择当地的二氧化碳减排标准。为满足本章研究分析的需要,笔者设定北部厂商为达到地方政府规定的二氧化碳减排标准在生产单位产品时需要增加额外的劳动力 t,即

$$C = \pi + (1 + t)x \tag{4-14}$$

同样,南部厂商的生产成本为

$$C^* = \pi^* + (1 + t^*)w^* x^* \tag{4-15}$$

很多事实已证明,大气中二氧化碳浓度的增加将造成温室效应,从而影响气候。农业、旅游业等受气候影响较大的行业将会因二氧化碳的过度排放而造成损失。考虑到这一原因,本章引入变量 $a(t,t^*)$。这一变量定义为北部农产品劳动力生产率,并且只受两区域的二氧化碳减排标准的影响。同样,南部的农产品劳动力生产率为 $a^*(t,t^*)$。由于二氧化碳具有很好的流动性,其排放对两个区域的影响几乎相等,有

$$a(t,t^*) = a^*(t,t^*) \quad \left(\frac{\partial a}{\partial t}\right) > 0, \left(\frac{\partial a}{\partial t^*}\right) > 0 \tag{4-16}$$

即无论 t 和 t^* 多大,两区域的农产品劳动力生产率都相等。

农产品利润函数可表示为

$$\prod_A = p_A x_A - \frac{w}{a(t,t^*)} x_A \tag{4-17}$$

由于农产品具有规模报酬不变及完全竞争的性质,可得

$$p_A = \frac{w}{a(t,t^*)} \tag{4-18}$$

同理可得

$$p_A^* = \frac{w^*}{a^*(t,t^*)} \tag{4-19}$$

令 $p_A = p_A^* = 1$,即将农产品作为计价物,制造品的价格就代表相对价格。由式(4-16)、式(4-18)和式(4-19)可知,$w = w^* = a(t, t^*)$。

(1)利润最大化(厂商行为)

由上文分析可得,北部厂商利润函数为

$$\prod_M = px - \pi - (1 + t)wx \tag{4-20}$$

北部厂商生产的产品分别提供给南北部消费者消费,由式(4-12)可知:

北部消费者对北部产品的需求为

$$c_N = \mu E p^{-\sigma} G_N^{\sigma-1} \tag{4-21}$$

南部消费者对北部产品的需求为

$$c_{NS} = \mu E^* p^{*-\sigma} G_S^{\sigma-1} \tau \tag{4-22}$$

其中,τ 表示运输成本,具体可表述为,如果把一单位制造品从北部运输到南部,那么只有其中的一部分(即 $\frac{1}{\tau}$)能够到达,其余的在运输途中消耗了。因此,要使一单位的制造品送达到南部,就必须在北部装运 τ 单位的该产品,并且有 $\tau > 1$。由于区域间具有对称性,南部到北部的运输成本也为 τ。

因此,北方产品的总需求为

$$x = \mu(E p^{-\sigma} G_N^{\sigma-1} + E^* p^{*-\sigma} G_s^{\sigma-1} \tau) \tag{4-23}$$

将式(4-23)具体化得

$$x = \frac{\mu E p^{-\sigma}}{n(p_N)^{1-\sigma} + n^*(p_S \tau)^{1-\sigma}} + \frac{\mu E^* p^{*-\sigma}}{n(p_N \tau)^{1-\sigma} + n^*(p_S)^{1-\sigma}} \tag{4-24}$$

将式(4-23)代入式(4-20)得

$$\prod_M = p\{\mu[E p^{-\sigma} G_N^{\sigma-1} + E^* p^{*-\sigma} G_S^{\sigma-1} \tau]\}$$
$$= -(1+t)w\{\mu[E p^{-\sigma} G_N^{\sigma-1} + E^* p^{*-\sigma} G_S^{\sigma-1} \tau]\}$$

利润最大化的一阶条件为 $\frac{\partial \prod_M}{\partial p} = 0$,则可得

$$p = \frac{w(1+t)}{1 - \frac{1}{\sigma}} \tag{4-25}$$

由于运输费用的存在,制造品在两个区域的价格会存在差异,可知:

北部产品在北部销售价格为

$$p_N = \frac{w(1+t)}{1-\dfrac{1}{\sigma}} \tag{4-26}$$

北部产品在南部销售价格为

$$p_{NS} = \frac{w(1+t)\tau}{1-\dfrac{1}{\sigma}} \tag{4-27}$$

南部产品在南部的销售价格为

$$p_S = \frac{w^*(1+t^*)}{1-\dfrac{1}{\sigma}} \tag{4-28}$$

南部产品在北部的销售价格为

$$p_{SN} = \frac{w^*(1+t^*)\tau}{1-\dfrac{1}{\sigma}} \tag{4-29}$$

(2)厂商利润为零(厂商行为)

当制造业有利可图时,其他厂商就会进入这个行业,直到利润降为0,因此均衡状态下厂商利润为0,即

$$\pi = p_N x - (1+t)wx \tag{4-30}$$

将式(4-24)代入式(4-30)得北方的资本收益为

$$
\begin{aligned}
\pi &= \frac{\mu E[w(1+t)]^{1-\sigma}}{\sigma\{n[w(1+t)]^{1-\sigma} + n^*[w^*(1+t^*)]^{1-\sigma}\varphi\}} \\
&\quad + \frac{\mu E^*[w(1+t)]^{1-\sigma}}{\sigma\{n\varphi[w(1+t)]^{1-\sigma} + n^*[w^*(1+t^*)]^{1-\sigma}\}} \\
&= bB\left(\frac{S_E}{\Delta} + \frac{1-S_E}{\Delta^*}\varphi\right)
\end{aligned} \tag{4-31}
$$

其中,$b = \dfrac{\mu}{\sigma}$,$B = \dfrac{E^W}{K^W}$,$\Delta = S_n + (1-S_n)\dfrac{\varphi}{h}$,$\Delta^* = S_n\varphi + \dfrac{(1-S_n)}{h}$,$S_n = \dfrac{n}{n+n^*}$ 表示北部的资本份额,$S_E = \dfrac{E}{E+E^*}$ 表示北部的支出份额。

$\varphi = \tau^{1-\sigma} \in (0,1)$,$\varphi$ 随着 τ 的增大而减少,用来衡量两区域市场一体化程度,φ 越大代表区域间的市场一体化程度越深。$h = \left(\dfrac{1+t}{1+t^*}\right)^{1-\sigma} \in$

$(0,+\infty)$，当 $t>t^*$ 时，$h>1$；当 $t=t^*$ 时，$h=1$；当 $t<t^*$ 时，$h<1$。因此，h 反映了两区域地方政府之间二氧化碳减排标准的比较，这一参数为下文分析提供了便利。

同理可得，南方的资本收益为

$$\pi^* = bB\left(\frac{S_E}{\Delta}\varphi + \frac{1-S_E}{\Delta^*}\right) \tag{4-32}$$

4.2.3　长期均衡

两区域之间的资本流动方程[①]可表示为

$$S_n = (\pi-\pi^*)S_n(1-S_n) \tag{4-33}$$

当 $\pi>\pi^*$ 时，资本从南部流向北部；当 $\pi<\pi^*$ 时，资本从北部流向南部；当 $\pi=\pi^*$ 时，资本在两区域间不发生流动，达到平衡状态。

当 $S_n\in(0,1)$ 时，两区域间唯一的均衡状态为 $\pi=\pi^*$，即两区域间不发生资本流动。

根据式（4-31）和式（4-32）可得

$$S_n = \frac{(1-S_E)\varphi - S_E}{(h\varphi-1)S_E - (h-\varphi)(1-S_E)} \tag{4-34}$$

两区域的收入之和为 $E^w = E + E^*$，其应由两部分组成：一部分是资本收益，另一部分是劳动收入。其中，两区域的资本收益可表示为 $\frac{\mu E^w}{\sigma}$；劳动收入为 $wS_L L^w + w^*(1-S_L)L^w$，其中 S_L 为北方的劳动力份额。根据上述可知，

$$E^w = L^w\left(1-\frac{\mu}{\sigma}\right)[wS_L + w^*(1-S_L)] \tag{4-35}$$

由于 $w=w^*$，则有

$$E^w = wL^w\left(1-\frac{\mu}{\sigma}\right) \tag{4-36}$$

$$S_E = \beta S_K + (1-\beta)S_L \tag{4-37}$$

其中，$S_K = \dfrac{K}{K^w}$，为北部的资源禀赋份额，$\beta = \dfrac{\mu}{\sigma} \in (0,1)$。

---

① 资本流动方程引自 Weibull J W, *Ebolutionary Game Theory*, Cambridge, MA：MIT Press，1995.

将式(4-37)代入式(4-34)得

$$S_n = \frac{\varphi - (\varphi - 1)[\beta S_K + (1 - \beta)S_L]}{(h\varphi + h - \varphi - 1)[\beta S_K + (1 - \beta)S_L] - (h - \varphi)} \qquad (4\text{-}38)$$

4.3　模型分析

由式(4-38)可知,资本份额受 h、资本禀赋份额 S_K 及劳动力份额 S_L 的影响。在我们的模型中,我们假定劳动力在区域间不发生流动,即 S_L 和 S_K 不随资本的流动而发生变化,因此在式(4-38)中,h 是唯一的内生变量,S_L 和 S_K 都可看成是外生变量。并且我们假定当地政府具有制定当地二氧化碳减排标准的权力。当地政府制定二氧化碳减排标准的唯一依据是追求当地投资份额的最大化,即 $\max S_n$。综上所述,我们可分以下两种情况来讨论"经济型"地方政府如何制定二氧化碳减排政策:一种是南北两区具有相同的资源禀赋和劳动力;另一种是两地区的资源禀赋和劳动力不相同。另外,为简化下文的分析,本章假设资源禀赋份额和劳动力份额相同,即 $S_L = S_K$。

4.3.1　南北两区具有相同的资源禀赋和劳动力

当 $S_L = S_K = \dfrac{1}{2}$ 时,根据式(4-38)可得

$$S_0 = \frac{\varphi - (\varphi + 1)\dfrac{1}{2}}{(h\varphi + h - \varphi - 1)\dfrac{1}{2} - (h - \varphi)} = \frac{1}{h + 1} \qquad (4\text{-}39)$$

$$\frac{\partial S_0}{\partial h} = -\frac{1}{(h + 1)^2} < 0 \qquad (4\text{-}40)$$

式(4-40)说明北部的投资份额会随着 h 的增加而减少,因此,在这种情况下,地方政府会偏向于选择尽量降低本地的二氧化碳减排标准 t,使 $t < t^*$,从而增加本地区的投资份额。

第一,当 $h = 1 (t = t^* \neq 0)$,即两区域采用相同的二氧化碳减排标准时:

由式(4-39)可知,此时 $S_{00} = S_{00}^* = \dfrac{1}{2}$,即厂商在两区域平均分布。

第二,当 $h>1$,即 $t>t^*$ 时:

由式(4-40)可知,此时 $S_{01}<\frac{1}{2}$ 且 $S_{01}^*>\frac{1}{2}$,即南部的厂商数量多于北部的。

第三,当 $h<1$,即 $t<t^*$ 时:

由式(4-40)可知,此时 $S_{02}>\frac{1}{2}$ 且 $S_{02}^*<\frac{1}{2}$,即北部的厂商数量多于南部的。

综上所述,无论是北部政府还是南部政府都会使本地的二氧化碳减排标准尽可能低,若中央政府没有对两个区域强制性分配二氧化碳减排份额,两区域政府博弈的最终均衡解将是两区域都选择无二氧化碳减排标准,即 $t=t^*=0$,此时两区域的投资份额保持不变。很明显,这种结果是低效率的,并不是帕累托最优的解。因此,在这种情况下,中央政府应进行干涉,给两区域分配减排份额,从而避免地方政府采取不规制的措施。

H1:当两区域的市场规模相同时,地方政府为达到自身效用最大化,将会尽可能地降低本区域的二氧化碳减排标准,因此地方政府的权限与二氧化碳减排效率呈反比。

4.3.2 南北两区具有不同的资源禀赋和劳动力

当 $S_L=S_K\neq\frac{1}{2}$ 时,我们令 $S_L=S_K=\lambda\in(0,1)$,不失一般性,令 $\lambda>\frac{1}{2}$,即北部的资源禀赋和劳动力大于南部的,也可以理解为北部相对于南部具有更大的市场规模。根据式(4-38)可得

$$S_1=\frac{\varphi-(\varphi+1)\lambda}{(h\varphi+h-\varphi-1)\lambda-(h-\varphi)} \tag{4-41}$$

第一,当 $h=1$,即北部和南部采用相同的二氧化碳减排标准时:

由式(4-41)可知,

$$S_{10}=\frac{\varphi-(\varphi+1)\lambda}{\varphi-1}=\lambda+\frac{2\varphi}{1-\varphi}\left(\lambda-\frac{1}{2}\right) \tag{4-42}$$

$$S_{10}^*=1-\lambda-\frac{2\varphi}{1-\varphi}\left(\lambda-\frac{1}{2}\right) \tag{4-43}$$

由于 $\lambda > \frac{1}{2}$ 且 $\varphi \in (0,1)$，$S_{10} > \lambda$，$S_{10}^* < 1-\lambda$，即当北部具有更大的市场规模时，如果南北两区采用相同的二氧化碳减排标准，北部有更大的需求，使得南部的部分企业向北部转移，从而使两区域的市场规模进一步加大。在这种情况下，中央政府在限制二氧化碳减排时，不应对不同区域采取相同的标准。

第二，由式（4-43）可知，

$$\frac{\partial S_{11}}{\partial h} = \frac{[\lambda\varphi + \lambda - 1][(1-\lambda)\varphi + \lambda]}{\{[\lambda\varphi + \lambda - 1]h + \varphi(1-\lambda) - \lambda\}^2} \tag{4-44}$$

因此，当 $\frac{1}{\varphi+1} < \lambda < 1$ 时，S_{11} 是 h 的增函数；当 $0 < \lambda < \frac{1}{\varphi+1}$ 时，S_{11} 是 h 的减函数，且当 $\lambda = \frac{1}{\varphi+1}$ 时，S_{11} 达到最大值1。

当 $\frac{1}{2} < \lambda < \frac{1}{\varphi+1}$ 时，S_{11} 是 h 的减函数，因此：当 $h > 1$ 时，有 $S_{11} < S_{10}$，$S_{11}^* > S_{10}^*$；$h < 1$ 时，有 $S_{12} > S_{10}$，$S_{12}^* < S_{10}^*$。在这种情况下，南北两区的政府都会尽可能选择低的二氧化碳减排标准，从而增加当地的投资份额。因此，在中央政府无强制性减排要求时，地方政府会选择无二氧化碳减排标准。

当 $\frac{1}{\varphi+1} < \lambda < 1$ 时，S_{11} 是 h 的增函数，因此：当 $h > 1$ 时，有 $S_{11} > S_{10}$，$S_{11}^* < S_{10}^*$；$h < 1$ 时，有 $S_{12} < S_{10}$，$S_{12}^* > S_{10}^*$。在这种情况下，南北双方都会选择尽可能高的二氧化碳减排标准，从而增加本地的投资份额。这可能是由于当一个区域达到一定的市场规模时，二氧化碳排放量的减少带来的农产品产出效率的提高要大于为达到二氧化碳减排标准而增加的成本。因此，在这种情况下，无须中央政府的干涉，地方政府会自发提高二氧化碳的减排标准。当 φ 增大，即增大区域之间的市场一体化程度时，$\frac{1}{\varphi+1}$ 将会减少，从而扩大上述情况存在的范围。

H2：当两区域的市场规模存在差异时，财政分权对二氧化碳减排效率呈非线性影响。

H3：市场一体化程度的加深，有利于削弱财政分权对二氧化碳减排效率的负效应。

第 5 章　中国区域碳减排效率研究

5.1　二氧化碳减排效率的定义

众所周知,经济增长方面的研究始于哈罗和多马,他们提出的哈罗-多马模型简明地揭示了资本作为单一要素与单一均衡产出之间的动态关系,表明当储蓄率既定时,有保证的增长率只有唯一值。之后索罗和斯旺提出了新古典增长模型,该模型说明,在给定的外生技术进步的条件下,经济才能稳定增长。随后,罗默和卢卡斯提出了内生增长模型来解释经济增长中经济体的技术进步差异,表明在没有外生技术变化下,经济也能长期增长。随着能源问题对经济增长的影响日益凸显,人们已经普遍认同能源因素对经济发展起着重要作用。一些学者尝试着将能源因素引入内生经济增长模型。

20 世纪 90 年代,能源的大量消耗引起了环境污染问题,引起了很多学者对环境问题的关注,如学者 Grossman et al. (1994)提出了环境库兹涅茨曲线,Beltratti(1995)将环境因素引入内生增长模型。随后,国内的学者也对能源和环境约束下的内生经济增长模型进行探索。随着瑞典物理学家 Svante Arrhenius 推演出大气中二氧化碳浓度上升造成地球温度上升的初步推论,并且于 1909 年首次使用温室效应(Greenhouse Effect)一词,人们开始关注二氧化碳这一温室气体,并将二氧化碳纳入内生增长模型的框架。目前,主流文献主要采用将二氧化碳减排作为投入要素来处理二氧化碳,即将二氧化碳减排的治理费用作为要素投入来考虑,要减少二氧化碳减排就必须增加治理成本。代表文献如 Mohtadi(1996)将二氧化碳减排作为未支付的投入,同资本和劳动一同引入生产函数;Hu et al.(2006)则将二氧化碳减排和能源一起引入生产函数。陈诗一(2009)

把二氧化碳减排、资本存量、劳动及能源消耗看作投入要素,并指出无管制的污染排放作为投入会通过两种方式作用于经济增长:一种是发挥社会资本的正面作用;另一种是由于社会资本的消耗会引起自然环境质量的下降,从而造成负面影响。本章将采用第一种方式,即将二氧化碳作为投入要素引入生产函数。

Farrell(1957)和 Leibenstein(1966)分别从投入和产出的角度对技术效率进行了定义,认为实际的产出(投入)与生产前沿边界之间的差距体现了技术的无效率。本章则采用生产角度的定义,即在考虑其他生产要素的情况下,单位二氧化碳的实际产出与最优产出之间的比值,可以表示为式(5-1)。

$$TE = \max\{\theta; \theta Y^R \leqslant F(X_k^R, Z_1^R)\}^{-1} \leqslant 1 \tag{5-1}$$

其中,X_k^R 和 Y^R 分别为可观测的非环境投入要素和产出,k 表示非环境投入要素的数量。Z_k^R 为环境投入要素,1为环境要素的个数。F(.)为生产前沿边界。显然,碳减排效率的值在 0 和 1 之间,值越大效率越高,当效率值为 1 时,即生产处于前沿边界上。

5.2　二氧化碳减排效率的测算方法:随机前沿生产模型

5.2.1　二氧化碳减排效率的测算方法比较

我们依据投入要素的多少可以将生产效率的测算分为单要素生产率和全要素生产率。其中单要素二氧化碳减排效率的定义为单位产出的二氧化碳减排量,由于其测算的简单性,也被很多学者所采纳。但其潜在地将二氧化碳作为唯一的投入要素,是不符合生产规律的。因此,本章接下来所讨论的方法都是全要素二氧化碳减排效率。从是否需要设定模型的角度,可将二氧化碳减排效率分为参数型和非参数型。接下来我们讨论比较常用的四种方法:平均响应模型的经济计量估计法(最小二乘法)、指数法、数据包络法及随机前沿分析法。其中,平均响应模型的经济计量估计法和随机前沿分析法为参数分析法,指数法、数据包络法为非参数分析法。四种方法的特征如表 5-1 所示。

表 5-1　四种测量方法的特征总结

特　征		最小二乘法	指数法	数据包络分析法	随机前沿分析法
非参数分析方法		否	是	是	否
归结为随机扰动项		是	否	否	是
数据形式	横截面数据	是	是	是	是
	时间序列	是	是	否	否
	面板数据	是	是	是	是
基本方法所需数据	投入量	是	是	是	是
	产出量	是	是	是	是
	投入价格	否	是	否	否
	产出价格	否	是	否	否

来源:Coelli(1997)。

(1)平均响应模型的经济计量估计法

平均响应模型的经济计量估计法是最为典型的参数分析方法,其利用最小二乘法估计模型的待估参数,然后根据已知模型对生产效率进行估算。

(2)指数法

指数法是一种经典的统计方法,相对于最小二乘法,指数法有三大好处:仅需两个观测值,容易计算,不用既定技术进步的平缓模式。

前面这两种方法都需假定决策单元是技术有效的,但这一假设过于苛刻,在现实中是不存在的。

(3)数据包络法

数据包络法是一种非参数分析法,其采用线性规划(Linear Programming)的方法来构建观测值的前沿面,然后根据这个前沿面来测算效率。其优点在于可以避免生产函数及分布假设设置错误所产生的误差;缺点主要是将前沿面的生产距离完全归为技术无效率,完全忽视了随机扰动项,从而会高估无效率项。

(4)随机前沿分析法

随机前沿分析法与数据包络法恰好相反。它是一种参数分析方法,由确定前沿分析法演变而来。主要思想是事先设定生产函数,根据设定的函数构建前沿面,然后根据前沿面来测算效率。相对于数据包络分析法它有以下几个优点：①可以解释随机扰动项；②可以用来研究传统假设检验。同时随机前沿分析法也存在着缺陷，主要为有可能会对生产函数及无效项的设定产生误差。

结合以上分析并出于以下三点考虑，本章将选择随机前沿分析法作为测算二氧化碳减排效率的方法。

第一，随机前沿分析法对生产函数的设定，有利于本章后期对二氧化碳减排效率影响因素的分析。

第二，随机前沿分析法能够将随机扰动项从真实产出与最大产出之间的差距中分离出来，使得最终的测算结果更接近真实值。

第三，随机前沿分析法能够很方便地检验参数的估计结构，从而判断模型设定及最终测算结果的有效性。

5.2.2　随机前沿生产模型的基本思想

Aigner et al. , Meeusen et al. 于1997年同时提出了随机生产边界模型(Stochastic Frontier Approach，简称 SFA)。作为一种全要素生产率的测算方法，它对确定前沿生产模型(Deterministic Frontier Approach，简称 DFA)进行了改进。因此很多学者开始使用这种方法来测算生产效率。

SFA 和 DFA 都属于生产边界模型。生产边界模型可以表示为

$$Y_i = f(X_i; \beta) \cdot TE_i \qquad (5\text{-}2)$$

其中，Y_i 表示第 i 个决策单元的产出；X_i 为第 i 个决策单元的投入；$f(X_i; \beta)$ 是生产边界，即在要素 X_i 投入下的最大产出；β 是待估参数；TE_i 为第 i 个决策单元的产出导向型技术有效性，可表示为

$$TE_i = \frac{Y_i}{f(X_i; \beta)} \qquad (5\text{-}3)$$

式(5-3)将技术有效性(TE_i)定义为真实产出与可行的最大产出的比值。当且仅当技术有效性为1时，Y_i 与可行的最大产出值相等，即达到生产可能性边界；若 $TE_i < 1$，说明实际产出小于可行的最大产出，存在技术无效率。

式(5-2)描述了 $f(X_i; \beta)$ 是确定性的生产边界，因此，式(5-3)中真实产出值与可行的最大产出值之间的差额全部代表技术是否有效的程度，

这样可能会忽略一些对产出产生影响的不可控的随机因素。

随机前沿生产边界模型可以很好地解决这一问题,其考虑了这种随决策单元而变化的随机因素。随机前沿生产边界模型可写为

$$Y_i = f(X_i;\beta) \cdot \exp(V_i) \cdot TE_i \tag{5-4}$$

其中,$f(X_i;\beta) \cdot \exp(V_i)$ 为随机边界,它包含了两部分:对所有决策单元都确定的部分 $f(X_i;\beta)$;因生产单元的不同而存在差异的随机部分 $\exp(V_i)$,即随机扰动项。

我们将式(5-4)改写为

$$Y_i = f(X_i;\beta) \cdot \exp(V_i)\exp(-U_i) \tag{5-5}$$

其中,技术有效性 $TE_i = \exp(-U_i)$。由于 $TE_i \leqslant 1$,因此 $U_i \geqslant 0$。随机前沿生产边界模型最大的优点就是能够将影响产出的随机扰动项从技术无效项中分离出来。

在式(5-5)中我们采用的是横截面数据的概念,而面板数据包含了更为丰富的信息,由此,我们希望面板数据能够放松对横截面数据的约束,或者能使技术有效性拥有更优的统计估计值。施密特和希克斯(Schmidt et al.,1984)提出了横截面数据的随机前沿生产边界模型存在的两个问题:

①用极大似然法对随机前沿生产边界进行估计和从统计噪音中分离出技术无效项,都要求对每个误差组成部分设定严格的分布假设,对于这些假设的推导目前尚无充分的论证。

②极大似然估计法要求技术无效项 U_i 与投入要素无关,而 U_i 是容易与 X_i 相关的。

如果采用面板数据,以上的这些缺陷将可以避免,其原因主要是:第一,面板数据估计方法并不完全依赖于严格的假设分布,对各决策单元重复的观察值可以替代假设分布;第二,并不是所有面板数据的参数估计都需要 U_i 与 X_i 完全无关,对各决策单元的独立观察也可以替代这种独立性假设;第三,增加每个决策的观测值可以提供更多的信息,在 $T \to \infty$ 时,技术有效性的估计值具有一致性。面板数据的随机前沿生产边界模型可表示为

$$Y_{it} = f(X_{it},\beta)\exp(V_{it} - U_{it}) \tag{5-6}$$

t 为技术变化的时间趋势,其他变量与原来的解释相同。

当我们考虑环境因素约束下的生产效率时,我们需要引入环境变量

Z,则上式变为

$$Y_{it} = f(X_{it}, Z_{it}, \beta)\exp(V_{it} - U_{it}) \tag{5-7}$$

其中,Z_{it} 为第 i 个决策单元在 t 时刻的环境投入要素。

5.2.3 随机前沿生产函数的设定

对于 SFA,生产函数的设定非常重要,不同的函数会有不同的参数形式。常见的几种函数如表 5-2 所示。

表 5-2　常用函数形式

名　称	函　数
线性函数	$y = \beta_0 + \sum\limits_{n=1}^{N} \beta_n x_n$
柯布 - 道格拉斯函数	$y = \beta_0 \prod\limits_{n=1}^{N} x_n^{\beta n}$
二次函数	$y = \beta_0 + \sum\limits_{n=1}^{N} \beta_n x_n + \dfrac{1}{2} \sum\limits_{n=1}^{N} \sum\limits_{m=1}^{N} \beta_{mn} x_n x_m$
正规化二次函数	$y = \beta_0 + \sum\limits_{n=1}^{N-1} \beta_n \left(\dfrac{X_n}{X_N}\right) + \dfrac{1}{2} \sum\limits_{n=1}^{N-1} \sum\limits_{m=1}^{N-1} \beta_{mn} \left(\dfrac{X_n}{X_N}\right)\left(\dfrac{X_m}{X_N}\right)$
超越对数函数	$y = \exp\left(\beta_0 + \sum\limits_{n=1}^{N} \beta_n \ln x_n + \dfrac{1}{2} \sum\limits_{n=1}^{N} \sum\limits_{m=1}^{N} \beta_{mn} \ln x_n \ln x_m\right)$
广义里昂惕夫函数	$y = \sum\limits_{n=1}^{N} \sum\limits_{m=1}^{N} \beta_{mn} (x_n x_m)^{\frac{1}{2}}$
常数替代弹性(CES)	$y = \beta_0 \left(\sum\limits_{n=1}^{N} \beta_n x_n^r\right)^{\frac{1}{r}}$

来源:Coelli(1997)。

当对这些不同的函数进行选择时,主要考虑以下因素:

①灵活性。如果函数具有充足的参数可以对任意函数在单一点处的一阶微分进行近似,那么可以称其为一阶灵活。同样,在二阶微分处近似,则为二阶灵活。在表 5-2 中,除线性函数和柯布-道格拉斯函数外,其他函数都为二阶灵活性函数。如果在其他形式都一样的情况下,我们通常会选择有二阶灵活性的函数。

②参数的线性。表 5-2 中所列的函数除柯布-道格拉斯函数和超越

对数函数外,其他都是线性的,但当柯布-道格拉斯函数和超越对数函数等式两边取对数之后,参数也变为线性的。

③正则性,即参数满足 N 阶齐次。在表5-2中,有些函数可以自动满足正则性这一条件,其他函数则需要再满足一定的约束条件后才能满足,其中广义里昂惕夫函数是凹的。

为了尽量降低生产函数的设置带来的估计偏差,本章选用在形式上更加灵活的超越对数函数作为我们的生产函数,并且将模型设定为

$$\ln Y_{it} = \beta_0 + \sum_j \ln X_{itj} + \beta_n \ln Z_{it} + \frac{1}{2} \sum_j \sum_k \beta_{jk} \ln X_{itj} \ln Z_{itk} + \sum_j \beta_{jn} \ln X_{itj}$$

$$\ln Z_{jt} + \frac{1}{2} \beta_{nn} (\ln Z_{it})^2 + V_{it} - U_{it} \tag{5-8}$$

5.2.4　模型的估计与检验

(1)模型的估计

对于随机前沿生产模型而言,测算生产效率有很多方法,比较普遍使用的方法有:普通最小二乘法(OLS)、校正普通最小二乘估计法(COLS)及最大似然估计法(MLE)。其中,普通最小二乘法估计结果的截距系数向下偏,因此估计结果不是很理想。为解决这一问题,温斯顿(Winston,1957)提出了校正普通最小二乘法,其用一个变量来校正截距项的偏差。而最大似然法将两个误差项做分布假设,因此其估计结果更为令人满意。本章采用施密特(Schmidt,1977)提出 SFA 模型时所采用的最大似然估计法对参数进行估计。

第一,对式(5-8)有如下假设:

①随机误差项 $V_{it} \sim N(0, \delta_v^2)$,主要是由不可控因素引起,如自然灾害、天气因素等。

②非负误差项 $U_{it} \sim N(\mu, \delta_u^2)$ 且有 V_{it},U_{it} 相互独立。

③V_{it},U_{it} 与解释变量相互独立。

笔者定义 $\delta = \delta_v^2 + \delta_u^2$ 及 $\gamma = \delta_u^2 / \sigma^2$,其中 γ 表示技术无效率项 U_{it} 在混合误差项 $\epsilon(\epsilon = V_{it} - U_{it})$ 中所占的比例。若 $\gamma = 0$,则说明不存在技术无效率,即真实产出与可行的最大产出之间的差距都是由随机扰动项 V_{it} 造成的。当 $\gamma \to \infty$ 时,则表示无扰动项,真实产出和可行的最大产出之间的差

距是由技术无效率造成的。因此,在模型估计中对 γ 是否为 0 的检验非常重要。

在对误差项 V_{it},U_{it} 进行假定之后,笔者利用最大似然估计法对参数进行求解,在 U_{it} 的分布已知的情况下,我们可以计算出技术效率的平均值 $TE=E[\exp(-U_{it})]$,但通过该方法计算各样本点的技术效率存在困难,因此笔者需要通过样本点的观测值得出模型的参数估计值,并根据这些估计值得到均值及方差。

分布参数 δ 和 γ 是跟其他待估参数共同估计出来的,笔者的对数似然函数可以表示为 $L(y|\beta,\sigma,\gamma)$,各个参数对似然函数进行最大化,即对 β,σ,γ 分别求导并令其为零,则各参数可求出。

第二,求得生产单元的技术有效性的估值。在前面的测算中,我们已经知道 $\varepsilon=V_{it}-U_{it}$ 的估计值。如果 $\varepsilon>0$,有可能 U_{it} 的值较大,因为 $E(V_{it})=0$,这就说明决策单元的效率较高;若 $\varepsilon<0$,则很可能 U_{it} 的值较小,也就是说,决策单元的效率较低。要求出生产单元技术效率,就要求出已知 ε 时 U_{it} 的分布。

Battese et al.(1995)将 TE 的测算过程描述如下:

$$TE_i = E[\exp(-U_{it})/(V_{it}-U_{it})]$$

$$= \left[\frac{1-\varphi(\delta-\mu_i/\delta)}{1-\varphi(-\mu_i/\delta)}\right] \cdot \exp\{-\mu_i+0.5\sigma^2\} \qquad (5\text{-}9)$$

其中,$\varphi(.)$ 为标准正态分布函数,$\delta=\delta_v\delta_u/(\delta_v^2+\delta_u^2)^{\frac{1}{2}}$,$\mu=[-(V_{it}-U_{it})\delta_u^2]/(\delta_v^2+\delta_u^2)$。此时需要知道 U_{it} 的分布。不同学者采用不同的分布假设,归纳起来主要有以下几种:

①$U_{it}\sim N(\mu,\delta_u^2)$(Truncated Normal 截断正态分布);

②$U_{it}\sim N(\mu,\delta_u^2)$(Half Normal 半正态分布);

③$U_{it}\sim G(\mu,0)$(Exponential 均值为 μ 的指数分布);

④$U_{it}\sim G(\mu,m)$(Gamma 均值为 μ、自由度为 m 的 Gamma 分布)。

SFA 方法通过极大似然估计法算出各个参数值,然后将技术无效率项的条件期望作为技术效率值。和 DFA 方法相比,其结果一般不会有效率值相同且为 1 的情况,另外 SFA 方法充分利用了每个样本的信息并且计算结果相对稳定,受特殊点的影响较小,具有可比性强、可靠性高的优点。

(2)模型的检验

一般在 SFA 测算出的估计值中,需对生产函数的设定、是否存在无效率及无效率项的分布假设是否合理进行检验。对模型中估计值 β 的检验,若样本量比较大,可以采用 t 检验法来进行检验,本章所采用的是 28 * 15 的面板数据,样本量相对较大,可以考虑采用 t 检验法。具体检验过程如下:

原假设 H_0 为 $\beta_i = 0$,备择假设 H_1 则为 $\beta_i \neq 0$。其中,β_i 表示第 i 个估计参数。接下来我们可以构造 t 统计量,即

$$t = \frac{\tilde{\beta}_i}{se(\tilde{\beta}_i)} \sim t(N) \tag{5-10}$$

其中,$\tilde{\beta}_i$ 为 β_i 的估计值,$se(.)$ 为标准误的估计量,N 为自由度。若统计量 t 大于临界值 $t_{1-\frac{\alpha}{2}}(N)$,笔者拒绝原假设,即 $t \neq 0$;相反若小于临界值,则接受原假设,即 $t = 0$。

检验是否存在无效率项,可以通过设置原假设 H_0 为 $\gamma_i = 0$,备择假设 H_1 则为 $\gamma_i \neq 0$;也可设原假设 H_0 为 $\sigma_u^2 = 0$,备择假设 H_1 则为 $\sigma_u^2 > 0$。构造 z 统计量:

$$z = \frac{\tilde{\gamma}}{se(\tilde{\gamma})} \sim N(0,1) \tag{5-11}$$

其中,$\tilde{\gamma}$ 为 γ 的最大似然估计量,若 $z > z_{1-\alpha}$,则拒绝原假设,即存在技术无效率,当 z 小于临界值时,接受原假设,即不存在无效率项,真实产出与可行的最大产出之间的距离都是由随机扰动项造成的,此时生产技术效率为 1。

无效率项的分布一般采用断截面正态分布和半正态分布,两者的主要区别在于均值 μ 是否为 0,因此笔者可以通过假设检验来选择无效率项的分布。通常情况下,我们设定约束下($\mu = 0$)对数似然函数的最大值为 $L(H_0)$,无约束下对数似然函数的最大值为 $L(H_1)$,

$$LR = -2[L(H_0) - L(H_1)] \sim \chi^2(J) \tag{5-12}$$

其中,J 为约束个数,当 LR 大于 $\chi^2_{1-\alpha}(J)$,则拒绝原假设,说明无效率项服从半正态分布式的假设不合理;相反,则说明半正态分布的假设是合理的。

5.3　二氧化碳减排效率的实证分析

5.3.1　变量的选取与数据来源

本章以我国内陆 28 个省区市(不包括海南、西藏,重庆归并到四川)的面板数据为数据样本,具体地,以 1995—2009 年的 GDP、劳动力、资本存量、时间及二氧化碳排放量的数据为样本。其中,劳动力、资本存量及时间为三个非环境投入要素,二氧化碳为投入要素,GDP 代表实际产出。本章各变量的定义与说明如表 5-3 所示。

表 5-3　各变量的定义与说明

变量	定义	单位	来源
GDP	国民生产总值	亿元	《中国统计年鉴》中各省区市 GDP
K	资本存量	亿元	单豪杰发表于《数量经济技术经济研究》2008 年第 10 期的文章所采用的数据
L	劳动力	万人	《中国统计年鉴》中各省区市劳动力
C	二氧化碳排放量	万吨	根据《中国能源统计年鉴》中各省区市的原煤、原油及天然气的消费量测算得到
T	时间	无量纲	以 1995 年为起点设为 1,接下来依次增加,2009 年为 15

资料来源:笔者整理。

资本存量在宏观经济研究中是一个非常重要的变量,本章按照常规的方法将资本存量作为投入变量。关于资本存量的估算,国内外有大量的研究文献,估算的方法主要有国民财富调研法和永续盘存法(PIM)等。由于现实数据达不到国民财富调研法所要求的相关数据的完备性,现有文献大部分采用永续盘存法来测算资本存量。但学者们在计算资本存量时,有很多细节处理方面的不同,从而导致了不同的测算结果。根据数据的可获得性,以单豪杰(2008)所得到的测算结果作为本章资本存量的测算指标。

二氧化碳排放量的数据无法从统计年鉴中直接获得,因此本章采用1985—2010 年(其中 1992—1994 年数据缺失)各地区煤炭、原油和天然气三种一次能源消耗量与相应排放系数的乘积来计算,单位为万吨。本章采用的碳排放系数为国家发改委能源研究所公布的系数①。全国二氧化碳排放总量趋势如图 5-1 所示。

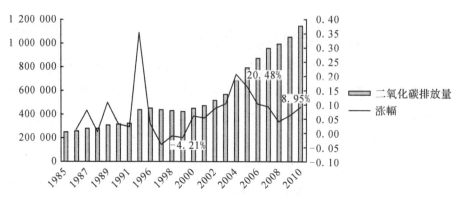

图 5-1　1985—2010 年中国二氧化碳排放总量(1992—1994 年数据缺失)

由图 5-1 可知,我国二氧化碳减排总量在 1985—2010 年间总体呈上升趋势,其中 1995—1999 年期间排放总量有所下降,但 1999 年之后又开始回升。就涨幅而言,1985—1997 年期间呈现不规则波动,1997 年达到历年来涨幅最低值 -4.21%;1997—2004 年期间涨幅逐步增加,到 2004年达到顶峰 20.48%。2004—2008 年涨幅逐步减小,但 2009 年开始涨幅又趋于增加。

5.3.2　模型的估计与假设检验

(1)模型的设定

本章所采用的模型如下:

$$\ln Y_{it} = \beta_0 + 0.5\beta_{tt}(T_{it})^2 + 0.5\beta_{kk}(\ln K_{it})^+ + 0.5\beta_{ll}(\ln L_{it})^2 + 0.5\beta_{cc}$$
$$(\ln C_{it})^2 + \beta_{tk}\ln T_{it}\ln K_{it} + \beta_{ti}\ln T_{it}\ln L_{it} + \beta_{tc}\ln T_{it}\ln C_{it} + \beta_{ki}\ln K_{it}$$
$$\ln L_{it} + \beta_k \ln K_{ic}\ln C_{it} + \beta_{ic}\ln L_{it}\ln K_{it} + \beta_t T_{it} + \beta_k \ln K_{it} + \beta_l \ln L_{it} +$$
$$\beta_c \ln C_{it} + V_{it} - U_{it} \qquad (5-13)$$

其中,Y_{it} 为第 i 个决策体在 t 时刻的产出;T_{it},K_{it},L_{it} 及 C_{it} 分别为第

---

① 国家发改委能源研究所 2003 年所列出的二氧化碳排放系数为:煤炭,2.745;石油,2.146;天然气,1.629;水电、核电,0。

i 个决策体在 t 时刻的时间变量、资本存量、劳动力及二氧化碳排放量；V_{it} 和 U_{it} 分别为随机扰动项和无效率项。

(2)模型估计结果和检验

本章采用 Tim Colli 编写的 FRONTIER 4.1 应用软件对样本数据进行处理，估计结果如表 5-4 和表 5-5 所示。

表 5-4　随机前沿生产模型估计结果

参数	估计值	标准差	参数	估计值	标准差
β_0	5.292 49	2.023 58	β_{kk}	−0.000 91	0.028 99
β_t	−0.014 80	0.046 84	β_{cc}	0.062 57	0.024 31
β_{ll}	0.001 40	0.000 69	β_{1k}	0.011 19	0.032 51
β_{t1}	−0.016 23	0.003 90	β_{1c}	0.025 81	0.025 56
β_{tk}	0.009 43	0.003 33	β_{kc}	−0.055 56	0.023 05
β_{tc}	0.012 27	0.002 98	σ^2	0.489 10	0.132 03
β_1	−0.225 80	0.476 20	γ	0.994 19	0.001 70
β_k	0.772 65	0.335 82	η	0.005 94	0.002 08
β_c	−0.390 14	0.075 05			
β_{11}	0.046 22	0.072 03			

表 5-5　参数的假设检验结果

参数	备择假设	极大似然值	单边似然比	卡方临界值	是否接受假设
截断分布		543.950 51			
U_{it}	$\gamma=0$	543.226 80	1279.874 12	5.138 73	拒绝假设
半正态分布	$\mu=0$	543.226 84	0.548 46	1.968 52	接受假设

由表 5-4 可以看出，估计结果较为理想，$\gamma=\sigma_v^2/(\sigma_u^2+\sigma_v^2)=0.994\ 19$，其衡量了技术无效率方差在混合误差项方差中的比例，表示合成误差项的变异主要是由无效性部分引起的，从参数角度也说明了随机前沿生产模型的合理性。$\eta=0.005\ 94$，是正数，表明二氧化碳减排效率随时间变化得到改善。

对模型参数的假设检验结果列于表 5-5，从中可以看出：第一个零假设 H_0 认为 $\gamma=0$，即不存在技术无效率，单边似然比 1 279.874 12＞5.138

73,因此拒绝原假设,表明采用随机前沿生产模型是合理的。第二个备择假设 H_1 是 $\mu=0$,即随机误差项服从半正态分布,统计量=0.548 46<1.96,因此接受原假设,即相对于采用截断分布,半正态分布更适合本章所采用的模型。

综上所述,本章最终采用超越对数生产函数形式的 SFA。

(3)二氧化碳减排效率的测算结果

由 FRONTIER 4.1 测算的二氧化碳减排效率见表5-6。

从全国来看,1995—2009 年期间,我国二氧化碳减排效率整体呈现上升趋势,说明我国二氧化碳减排效率越来越高;但均值的涨幅非常小,幅度在 0.1%~0.2% 之间。就各时期全国二氧化碳减排效率值而言,2009 年达到最高为 0.596 50,由此可以看出,我国的二氧化碳减排效率还处于较低水平,其主要原因是我国粗放型的生产方式对资源的利用率不高,因此我国应尽快转变生产方式,实现可持续发展。再观察一下最大值和最小值,很明显,两者的差距非常大,最大值都在 0.98 以上,而最小值都在 0.30 以下。可见我国区域间二氧化碳减排效率的差异非常大,但从增长速度来看,最小值的增长幅度要大于最大值的,这说明两者的距离在缩短,但速度非常缓慢。

就 2009 年各省区市的二氧化碳减排效率而言:排前九的有上海、广东、北京、福建、浙江、江苏、辽宁、山东、天津,从最高的 0.984 61 到最低的 0.674 90,都分布在经济发达地区或东部沿海地区;排后九的省区市有青海、宁夏、甘肃、贵州、江西、陕西、内蒙古、新疆及山西,从小组内最高的山西 0.442 93 到最低的青海 0.269 35 都是分布在经济欠发达的中西部地区。由此可见,我国区域间的二氧化碳减排效率之间存在巨大的差距。

表5-6 基于SFA模型的1995—2009年我国28个省区市二氧化碳减排效率值

年份\地区	1995	1996	1997	1998	1999	2000	2001	2002	2003	2004	2005	2006	2007	2008	2009
北京	0.963 48	0.963 69	0.963 90	0.964 11	0.964 32	0.964 52	0.964 73	0.964 93	0.965 14	0.965 34	0.965 54	0.965 74	0.965 94	0.966 14	0.966 33
天津	0.652 28	0.653 93	0.655 58	0.657 22	0.658 85	0.660 48	0.662 11	0.663 73	0.665 34	0.666 95	0.668 55	0.670 15	0.671 74	0.673 32	0.674 90
河北	0.557 73	0.559 67	0.561 59	0.563 52	0.565 44	0.567 35	0.569 26	0.571 16	0.573 06	0.574 95	0.576 84	0.578 72	0.580 60	0.582 47	0.584 34
山西	0.412 72	0.414 89	0.417 06	0.419 22	0.421 39	0.423 55	0.425 71	0.427 87	0.430 03	0.432 19	0.434 34	0.436 49	0.438 64	0.440 79	0.442 93
内蒙古	0.397 68	0.399 86	0.402 04	0.404 21	0.406 39	0.408 56	0.410 74	0.412 91	0.415 08	0.417 24	0.419 41	0.421 57	0.423 74	0.425 90	0.428 06
辽宁	0.688 76	0.690 28	0.691 80	0.693 31	0.694 82	0.696 32	0.697 81	0.699 30	0.700 78	0.702 26	0.703 73	0.705 20	0.706 66	0.708 12	0.709 56
吉林	0.515 04	0.517 07	0.519 09	0.521 10	0.523 13	0.525 14	0.527 15	0.529 15	0.531 15	0.533 14	0.535 13	0.537 12	0.539 10	0.541 08	0.543 05
黑龙江	0.649 48	0.651 14	0.652 79	0.654 45	0.656 09	0.657 73	0.659 37	0.660 99	0.662 62	0.664 23	0.665 85	0.667 45	0.669 05	0.670 65	0.672 24
上海	0.983 29	0.983 39	0.983 48	0.983 58	0.983 68	0.983 77	0.983 87	0.983 96	0.984 06	0.984 15	0.984 24	0.984 33	0.984 43	0.984 52	0.984 61
江苏	0.773 92	0.775 10	0.776 27	0.777 43	0.778 59	0.779 75	0.780 90	0.782 04	0.783 18	0.784 32	0.785 45	0.786 57	0.787 69	0.788 81	0.789 91
浙江	0.807 91	0.808 93	0.809 95	0.810 96	0.811 97	0.812 97	0.813 97	0.814 96	0.815 95	0.816 93	0.817 91	0.818 89	0.819 86	0.820 82	0.821 78
安徽	0.626 67	0.628 41	0.630 14	0.631 86	0.633 59	0.635 30	0.637 01	0.638 71	0.640 41	0.642 11	0.643 79	0.645 47	0.647 15	0.648 82	0.650 49
福建	0.888 88	0.889 50	0.890 11	0.890 73	0.891 34	0.891 94	0.892 55	0.893 15	0.893 75	0.894 34	0.894 93	0.895 52	0.896 11	0.896 69	0.897 27
江西	0.332 30	0.334 48	0.336 65	0.338 83	0.341 01	0.343 19	0.345 37	0.347 55	0.349 74	0.351 92	0.354 11	0.356 29	0.358 47	0.360 66	0.362 85
山东	0.683 80	0.685 34	0.686 88	0.688 41	0.689 93	0.691 45	0.692 96	0.694 47	0.695 97	0.697 47	0.698 96	0.700 44	0.701 92	0.703 39	0.704 86
河南	0.493 72	0.495 79	0.497 85	0.499 91	0.501 97	0.504 03	0.506 08	0.508 12	0.510 16	0.512 20	0.514 24	0.516 27	0.518 29	0.520 31	0.522 33
湖北	0.591 90	0.593 74	0.595 58	0.597 41	0.599 24	0.601 06	0.602 87	0.604 68	0.606 49	0.608 29	0.610 08	0.611 87	0.613 65	0.615 43	0.617 20
湖南	0.583 76	0.585 63	0.587 49	0.589 34	0.591 19	0.593 03	0.594 87	0.596 70	0.598 53	0.600 36	0.602 17	0.603 98	0.605 79	0.607 59	0.609 39

续 表

年份\地区	1995	1996	1997	1998	1999	2000	2001	2002	2003	2004	2005	2006	2007	2008	2009
广东	0.972 62	0.972 78	0.972 94	0.973 10	0.973 26	0.973 41	0.973 57	0.973 72	0.973 87	0.974 03	0.974 18	0.974 33	0.974 48	0.974 63	0.974 77
广西	0.532 97	0.534 96	0.536 95	0.538 93	0.540 91	0.542 88	0.544 85	0.546 81	0.548 77	0.550 73	0.552 68	0.554 62	0.556 56	0.558 50	0.560 43
四川＋重庆	0.614 72	0.616 50	0.618 27	0.620 03	0.621 79	0.623 54	0.625 29	0.627 03	0.628 77	0.630 50	0.632 22	0.633 94	0.635 66	0.637 36	0.639 07
贵州	0.279 95	0.282 07	0.284 19	0.286 32	0.288 45	0.290 58	0.292 71	0.294 85	0.296 99	0.299 14	0.301 28	0.303 43	0.305 58	0.307 74	0.309 89
云南	0.563 46	0.565 38	0.567 29	0.569 20	0.571 10	0.573 00	0.574 90	0.576 78	0.578 67	0.580 55	0.582 42	0.584 29	0.586 15	0.588 01	0.589 86
陕西	0.362 52	0.364 71	0.366 89	0.369 08	0.371 26	0.373 45	0.375 64	0.377 82	0.380 01	0.382 19	0.384 37	0.386 56	0.388 74	0.390 92	0.393 10
甘肃	0.251 47	0.253 53	0.255 60	0.257 68	0.259 75	0.261 84	0.263 92	0.266 02	0.268 11	0.270 21	0.272 31	0.274 42	0.276 53	0.278 64	0.280 76
青海	0.240 38	0.242 42	0.244 47	0.246 51	0.248 57	0.250 63	0.252 69	0.254 76	0.256 83	0.258 91	0.260 99	0.263 07	0.265 16	0.267 26	0.269 35
宁夏	0.244 25	0.246 30	0.248 35	0.250 41	0.252 47	0.254 54	0.256 61	0.258 68	0.260 77	0.262 85	0.264 94	0.267 03	0.269 13	0.271 23	0.273 33
新疆	0.399 10	0.401 27	0.403 45	0.405 63	0.407 80	0.409 97	0.412 14	0.414 31	0.416 48	0.418 65	0.420 81	0.422 98	0.425 14	0.427 30	0.429 46
全国均值	0.573 74	0.575 38	0.577 02	0.578 66	0.580 30	0.581 93	0.583 56	0.585 19	0.586 81	0.588 43	0.590 05	0.591 67	0.593 28	0.594 90	0.596 50
最小值	0.240 38	0.242 42	0.244 47	0.246 51	0.248 57	0.250 63	0.252 69	0.254 76	0.256 83	0.258 91	0.260 99	0.263 07	0.265 16	0.267 26	0.269 35
最大值	0.983 29	0.983 39	0.983 48	0.983 58	0.983 68	0.983 77	0.983 87	0.983 96	0.984 06	0.984 15	0.984 24	0.984 33	0.984 43	0.984 52	0.984 61

5.3.3　小　结

本部分首先将碳减排效率定义为在考虑其他投入要素的情况下，单位二氧化碳的实际产出与最优产出之间的比值。然后对减排效率的测度方法——最小二乘法、随机前沿分析法、指数法、数据包络法进行了简单介绍，并且结合本部分的研究目的选择了随机前沿分析法作为研究方法。最后我们介绍了采用 FRONTIER 4.1 软件对 1995—2009 年我国二氧化碳减排效率进行的测算并对其进行了分析，得出的主要结论有：①我国二氧化碳减排效率整体呈上升趋势，但涨幅有限，在 $0.1\%\sim0.2\%$ 之间；二氧化碳减排效率的最大值和最小值相差较大，但两者的差距有缩小的趋势；②各省二氧化碳减排中，平均值排在前九位的是经济发达地区或沿海地区，排在后九位的是欠发达的中西部地区。

第6章 财政分权对中国区域碳减排效率的影响研究

6.1 变量选取与数据来源

6.1.1 变量的选取

在上一章中,我们求出了我国 28 个省区市 1995—2009 年的二氧化碳减排效率值。为验证第 4 章中提出的 3 个假设,本章将以 1996—2009 年为数据跨度,尝试分析财政分权对二氧化碳减排效率的影响。为验证第一个假设,本章引入人均 GDP 来衡量资本禀赋;为验证第二和第三个假设,引入市场分割这一变量。其他控制变量的选取将参考以往的研究。本章结合研究对象系列数据的可获取性,选择了以下变量:外商直接投资、第二工业比重、人口密度、贸易开放程度、是否为沿海地区及城市化率等。

外商直接投资衡量了一个地区吸引外来资本的规模,本章研究的是一个封闭系统内的政府、企业及居民之间的博弈,不涉及外来资本,因此外商直接投资应纳入本章的控制变量;第二工业比重体现了工业化水平,而排放二氧化碳的产业一般是制造业,因此工业的快速发展将会影响二氧化碳减排效率;人口越是密集的地区,人类活动越是频繁,产生的二氧化碳就越多,但从另外一个角度考虑,人口越多的地区,劳动力越充沛,生产效率越高,因此其对二氧化碳减排效率的影响方向是未知的;贸易开放程度对二氧化碳减排的影响主要集中在污染密集型产业,在世界各国面临减排压力的背景下,是否存在发达国家向发展中国家转移污染产业已成为关注的焦点;中国沿海地区的经济较为发达,其对二氧化碳减排效率也有一定影响；城市生活所产生的二氧化碳要远远高于农村生活所产生的二氧化碳，因此引入城市化率作为控制变量。

6.1.2　数据来源与变量说明

本章的各项数据来源及变量的定义说明如表 6-1 所示。

表 6-1　各变量的来源和变量说明

变　量	定　义	单　位	说　明
TE	二氧化碳减排效率	无量纲	随机前沿生产模型中求得的各省区市 t 期的二氧化碳减排效率
FD	财政分权	无量纲	各省区市统计年鉴中的本级预算内财政支出/中央本级预算内财政支出
Segm	市场分割	无量纲	利用《中国统计年鉴》中的价格指数，经过测算得到
Lperdp	人均 GDP	万元/人	《中国统计年鉴》中各省区市 GDP/年末人口数
FDI	外商直接投资	亿美元	《中国统计年鉴》中实际利用外资金额
Industry	第二工业比重	无量纲	《中国统计年鉴》中第二工业比重
Density	人口密度	千人/平方千米	《中国统计年鉴》中各省区市人口/面积
Open	贸易开放程度	无量纲	《中国统计年鉴》中进出口总量/增加值
Coast	是否为沿海地区	无量纲	地图查询
Urban	城市化率	无量纲	中经网中的非农业人口比例

资料来源：笔者整理。

（1）财政分权的测度

财政分权指标的构造有很多种，由于本章主要是研究地方政府的公共品供给，即二氧化碳排放标准的制定，因此采用张晏等（2005）的财政分权指标，即各省区市本级预算内财政支出/中央本级预算内财政支出。数据来源于各省区市的统计年鉴。

（2）市场分割的测度

市场分割的计算方法也有很多，目前在文献中比较常见的有生产法、贸易法、经济周期法和价格法。其中，生产法是指从生产领域来测度市场分割；贸易法是指从流通和贸易领域来测度市场分割；经济周期法是指主要通过测算各个地区经济周期的相关程度来测度市场分割;而价格法则是用商品价格来衡量市场分割。(余东华等,2009)本章采用价格法来衡量市场分割的程度。

价格法的思想主要来源于"冰川成本"模型,它的核心思想是交易成本的存在使得两个地区的"一价定律"失效。一单位产品从 i 地区运输到 j 地,由于运输及交易需要成本 τ,那么只有其中的一部分($1/\tau$)能够到达,其余的在运输途中消耗掉了。要使一单位的制成品能够送达到 j 地区,就必须在 i 地区装运 τ 单位的该产品,并且有 $\tau > 1$。由于区域间具有对称性,j 地区到 i 地区的运输成本也为 τ。由于 $\tau \neq 1$,两地之间的价格不相等。当 $P_{it} > P_j$,或者 $P_{jt} > P_i$ 时,套利行为才存在,两个地区才有可能进行贸易;当相对价格不在这个区间,而在 $[1/\tau, \tau]$ 时,不存在套利空间。广义上的交易成本并不仅仅限于运输损耗,也包括制度性的障碍。

本章采用陆铭等(2009)的测算方法来衡量我国各省区市的市场分割程度。原始数据来源于《中国统计年鉴》28 个省区市(剔除了海南和西藏,将重庆并入四川)的商品零售价格指数,涵盖了 1995—2010 年 16 年 28 个省区市的 10 类商品。在选取测算的商品时笔者遵循连续统计原则,从中只选取了 10 类从 1995 年开始连续统计的商品,这 10 类商品包括粮食、油脂、水产品、鲜菜、饮料烟酒、服装鞋帽、纺织品、化妆品、日用品及燃料。

本章测算市场分割程度的整体思想是以 60 对相邻省区市的相对价格方差 $\mathrm{Var}(P_i/P_j)$ 作为市场分割的衡量指标,观察其变动趋势。若方差趋于缩小,则说明相对价格波动范围缩窄,"冰川成本"$(1-1/\tau)$ 下降,无套利区间 $[1/\tau, \tau]$ 缩窄,两地之间的市场分割程度下降。具体计算方法如下:

①环比相对价格 $|\Delta Q_{ijt}^k|$ 的计算。笔者将相对价格 $|\Delta Q_{ijt}^k|$ 定义为

$$|\Delta Q_{ijt}^k| = \left| \ln\left(\frac{p_{it}^k}{p_{jt}^k}\right) - \ln\left(\frac{p_{it-1}^k}{p_{jt-1}^k}\right) \right| = \left| \ln\left(\frac{p_{it}^k}{p_{it-1}^k}\right) - \ln\left(\frac{p_{jt}^k}{p_{jt-1}^k}\right) \right| \tag{6-1}$$

在这里,i 和 j 分别表示相邻的两个地区,t 表示时间,k 表示商品,p_{it}^k 表示 t 时刻 i 地区 k 种商品的价格。之所以对价格的相对数进行进一步的环比,主要出于两方面考虑:一是由于笔者使用的是统计年鉴中的原始数据,采用环比的形式可以直接利用原始数据求相对价格;二是 Q_{ijt}^k 和

ΔQ_{ijt}^k 具有相同的收敛性,采用这一指标并不影响对市场分割程度测算的准确性。对相对价格取对数的原因是,取对数之后,地区变量 i 和 j 的位置发生变化,数据值的正负号会发生改变,虽然其本身的值并不会改变,但会影响 $\mathrm{Var}(\Delta Q_{ijt}^k)$ 的值。为避免这一问题,本章采用 $|\Delta Q_{ijt}^k|$ 来替代 ΔQ_{ijt}^k 。

这样笔者可以从 10 类商品 60 对相邻省区市 16 年的数据中得到 9 600($=10\times60\times16$)个相对价格指数 $|\Delta Q_{ijt}^k|$ 。

②剔除 $|\Delta Q_{ijt}^k|$ 中的非市场分割因素。由于非市场分割因素并不是完全由两地区的市场因素差异引起,还包括一些商品异质性的不可加效应,会造成对市场分割指数的高估。$|\Delta Q_{ijt}^k|$ 可表达为

$$|\Delta Q_{ijt}^k| = a^k + \varepsilon_{ijt}^k \tag{6-2}$$

a^k 表示仅与商品本身有关的一些变量,ε_{ijt}^k 表示与两地环境差异有关的一些变量。为解决这一问题,本章采用去均值法来消除这种因商品本身特性而产生的因素。具体做法是先将 $|\Delta Q_{ijt}^k|$ 对 i,j 取均值得 $\overline{|\Delta Q_{ijt}^k|}$,再得到相对价格变动部分 $q_{ijt}^k = |\Delta Q_{ijt}^k| - \overline{|\Delta Q_t^k|}$ 。用数学表达式可表示为

$$q_{ijt}^k = |\Delta Q_{ijt}^k| - \overline{|\Delta Q_t^k|} = a^k + \varepsilon_{ijt}^k - \overline{a^k} - \overline{\varepsilon_t^k} = \varepsilon_{ijt}^k - \overline{\varepsilon_t^k} \tag{6-3}$$

q_{ijt}^k 只与地区间的制度环境因素和一些随机因素相关。

③测算市场分割程度。首先计算 q_{ijt}^k 在 t 时刻 i,j 相邻区域的方差 $\mathrm{Var}(q_{ijt}^k)$,得到 960(60×16)个观测值。再将 60 对相邻省区市间的方差按省(区、市)合并,得到每个省区市与其相邻省区市的市场分割指数。例如,北京的市场分割指数就是北京和天津,北京和河北之间的市场分割指数的均值。因此,我们共得 448(28×16)个观测值。

6.2　基于模型估计的影响因素分析

6.2.1　模型的设定

影响二氧化碳减排效率的函数模型可表示为

$$TE_{it} = \alpha_0 + \sum_{k=1}^{n}\alpha_k X_{itk} + \sum_{l=1}^{n}\beta_l Z_{itl} + w_t \tag{6-4}$$

其中，w_t 为随机误差项；X_{itk} 表示省域 i 影响二氧化碳减排效率的因素的第 k 项，在这里作为本章的自变量；Z_{itl} 同样为 i 省区市二氧化碳减排效率的影响因素，但在这里作为本章的控制变量；α_0 为截距；α_k 和 β_l 为待估参数，反映自变量和控制变量对二氧化碳减排效率的影响，负值表示该变量对二氧化碳减排效率为负影响，正值表示为正影响。

本节接下来的部分将分别验证第 4 章中提出的三个假设。首先以财政分权为自变量，二氧化碳减排效率为因变量，人均 GDP、外商直接投资、第二工业比重、人口密度、贸易开放程度、是否为沿海地区及城市化率作为控制变量，研究财政分权在控制区域间的市场规模（即人均 GDP）的情况下，对二氧化碳减排效率的影响；其次，在区域间的市场规模存在差异的条件下，增加财政分权的平方项，研究财政分权和二氧化碳减排效率之间的非线性关系，验证两者之间是否存在倒"U"形关系；最后，引入市场分割变量，观察其是否会对财政分权和二氧化碳减排效率之间的关系产生影响。

6.2.2　财政分权与二氧化碳减排效率的线性关系

根据第 4 章中模型的 H1，设定人均 GDP 为市场规模，人均 GDP 作为控制变量的参数估计结果，如表 6-2 所示。结果表明，财政分权对二氧化碳减排效率具有反向作用，但结果不显著，因此无法接受假设 H1。其可能原因归结为以下两点：一方面在于假设 H1 中要求相邻区域的市场规模相同，而本章所采用的人均 GDP 不能完全涵盖市场规模这一变量，因此造成自变量与因变量之间的系数不显著；另一方面是财政分权对二氧化碳减排效率的影响不为直线型，这一假设将在下一部分论证。

表 6-2　财政分权对二氧化碳减排效率直接效应的参数估计

变　　量	coefficient	standard-error	t-ratio
C	1.041 44 ***	0.349 79	2.977 35
FD	− 0.208 44	0.199 59	− 1.044 34
FDI	− 0.000 56 ***	0.000 16	− 3.528 25
$Industry$	− 0.144 82	0.139 75	− 1.036 26
$Density$	0.096 82 **	0.045 42	2.131 67

	coefficient	standard-error	t-ratio
Open	－ 0.000 09	0.000 06	－ 1.377 03
Lpergdp	－ 0.003 37	0.003 67	－ 0.917 11
Coast	－ 0.012 96	0.143 37	－ 0.090 42
Urban	－ 0.061 41	0.040 26	－ 1.525 45
log likelihood function = 821.256 94			

注:C 为常数项;＊＊＊表示通过 1% 的显著性检验,＊＊表示通过 5% 的显著性检验。

表 6-2 显示了参数估计结果,外商直接投资在 1% 的显著性水平下为负,由此说明外商直接投资对经济增长的促进作用要弱于其对二氧化碳减排效率的促进作用,因此地方政府应有选择性地引进外商直接投资,避免成为"污染天堂";人口密度在 5% 的显著性水平下为正,即劳动力对经济的促进作用要大于其对二氧化碳排放的促进作用;其他变量对二氧化碳减排效率都无显著影响。而除常数项的估计值大于 1 外,其余变量的估计值都较小,由此可知,表 6-2 中所列的变量对因变量的解释力较低,必然存在着某些被遗漏的变量。因此下一部分将引入财政分权的平方项,来探究财政分权对二氧化碳减排效率的非线性影响。

6.2.3　财政分权与二氧化碳减排效率的倒"U"形曲线

在这一节中我们对财政分权与二氧化碳减排效率之间的线性关系进行了检验,结果表明两者的相关性不显著。现有的大部分研究都是对财政分权与二氧化碳减排效率的线性关系进行的研究(薛钢等,2012;张克中等,2011),但本书第 4 章在微观机理模型中得出了财政分权与二氧化碳减排效率之间的非线性关系,以下将对这一假设进行论证。

其测算结果如表 6-3 所示,财政分权在 1% 的显著性水平下为正,财政分权的平方在 1% 的显著性水平下为负,由此说明财政分权与二氧化碳减排效率呈倒"U"形关系,即在满足一定的条件下,财政分权与二氧化碳减排效率呈正相关,而在过度分权的情况下会促使财政分权与二氧化碳减排效率之间呈负相关,由此我们有理由接受第 4 章中提出的假设 H2。我们不难得到,这一转折点出现在财政分权为 0.121 6 的时候,此时在本部分 364 个观察值中,有 355 个具有小于这个转折点的财政分权值,也就是说,对于大部分地区,提高财政分权将有利于提高二氧化碳减排效率。其原因有可能是财政分权的影响不仅在短期,对长期也存在影响;也有可能就目前而言,财政分权对经济的促进作用要高于对环境治理的遏制影响。

表 6-3   财政分权对二氧化碳减排效率非线性效应的参数估计

变　　量	coefficient	standard-error	t-ratio
C	0.321 90***	0.089 59	3.593 17
FD	0.684 96***	0.231 49	2.958 86
FD^2	− 2.816 48***	0.723 99	− 3.890 23
FDI	− 0.000 44**	0.000 18	− 2.477 28
$Industry$	0.030 30	0.130 24	0.232 64
$Density$	− 0.003 13	0.034 10	− 0.091 70
$Open$	− 0.000 13***	0.000 04	− 3.074 72
$Coast$	0.266 16***	0.016 84	15.807 42
$Urban$	0.153 47***	0.042 97	3.571 51
log likelihood function = 819.806 12			

注:C 为常数项;＊＊＊表示通过 1% 的显著性检验,＊＊表示通过 5% 的显著性检验。

其他大部分控制变量的显著性相对于上一节也得到了提高。外商直接投资保持在 5% 的显著性水平下为负,外商直接投资对二氧化碳减排效率的反向影响较为稳健,说明确实存在一些发达国家将高污染的行业向我国迁移的现象,因此,地方政府不能为了地方经济而盲目接纳外商直接投资,应考虑自身环境的承受能力;贸易开放程度在 1% 的显著性水平下为负,加入 WTO 后中国的经济无疑得到了快速的发展,与此同时也产生了出口产品中的"碳隐含"问题;是否为沿海地区在 1% 的显著性水平下为正,我国的沿海城市较为发达,其生产效率高于大部分内陆城市,因此呈现出沿海城市二氧化碳减排效率要高于非沿海地区的现象;城市化率在 1% 的显著性水平下为正,说明城市化率对地方经济的促进作用要大于其经济活动造成的地方二氧化碳减排量的增加;另外,第二工业比重和人口密度对二氧化碳减排效率的影响不显著。

6.2.4　市场分割的调节作用

地方市场分割是中国从计划经济向市场经济过渡的产物,主要体现为地方政府为保护当地的利益而削弱与其他地区经济联系的行为。大部分学者认为,地方保护主义是地方性行政垄断,地方政府利用行政权力对竞争进行排斥或限制。(余东华等,2009;皮建才,2008)市场分割阻碍了商品和要素在全国范围内的自由流动,减弱了市场机制优化资源配置的有效性,不利于其发挥地区比较优势和形成专业化分工,也不利于其获得规模效益,这往往还是市场无序竞争的根源之一。(李善同等,2004)很多事实证明,虽然交通条件会影响资源的配置,但我国严重的市场分割,使要素流动受到限制,因此资源没有能够流向高效率的地区,而只是停留在低效率地区。因此,本章将在原有模型的基础上加入市场分割及其与财政分权的交互项,以分析市场分割对二氧化碳减排效率与财政分权之间的倒"U"形曲线有何影响。

从表6-3和表6-4中我们可以得到以下结论:

表6-4　加入市场分割后对财政分权平方项的检验

变　　量	coefficient	standard-error	t-ratio
C	0.428 90***	0.068 04	6.303 37
FD	0.738 66***	0.253 57	2.913 05
FD^2	− 1.969 03***	0.820 04	− 2.401 15
$Segm$	11.996 83***	1.001 95	11.973 43
$FD*Segm$	− 105.577 20***	1.000 00	− 105.577 39
FDI	− 0.000 36*	0.000 20	− 1.831 94
$Industry$	− 0.160 45**	0.078 09	− 2.054 55
$Density$	− 0.018 30	0.049 58	− 0.369 11
$Open$	− 0.000 15***	0.000 05	− 3.222 76
$Coast$	0.255 02***	0.016 59	15.375 36
$Urban$	0.144 38***	0.056 02	2.577 33
log likelihood function = 796.985 71			

注:C为常数项;＊＊＊表示通过1%的显著性检验,＊＊表示通过5%的显著性检验。

无论我们是否加入市场分割项和财政分权与市场分割的交互项,财政分权与二氧化碳减排效率之间都是呈倒"U"形关系,但其估计参数间存在差异。由表 6-3、表 6-4 可知,财政分权提高 1 个百分点,二氧化碳减排效率分别约提高 0.68 和 0.74 个百分点,财政分权的平方提高 1 个百分点将使二氧化碳减排效率分别约降低 2.82 和 1.97 个百分点。

由表 6-4 可知,财政分权与市场分割的交互项显著为负,这说明:当财政分权程度较低时,其对二氧化碳减排效率具有正效应,但市场分割会减弱这种正效应;当财政分权程度较高时,其对二氧化碳减排效率具有负效应,但市场分割会减弱这种负效应。因此,市场一体化程度的加深,有利于削弱财政分权对二氧化碳减排效率的负效应。

控制变量的检验结果基本符合最初的设想,表 6-3 和表 6-4 除第二工业比重外,其他控制变量的系数符号和显著性基本没有发生特别大的改变。第二工业比重对二氧化碳减排效率的影响由原来的正效应不显著转变为负效应显著,其主要原因是,地区之间的市场分割造成了产出配置结构扭曲损失和要素配置结构扭曲损失,从而降低了工业生产效率。(刘培林,2005)

6.3 中国碳减排的区域分工与协调发展对策

本章对二氧化碳减排效率的影响因素做了研究,并得出了以下结论:①财政分权对二氧化碳减排效率的线性影响不显著,其可能原因为:一方面是地区间具有相同的市场规模模型这一前提假设过于苛刻;另一方面是两者之间有可能存在非线性关系。②二氧化碳减排效率与财政分权之间呈倒"U"形关系,即在满足一定条件下,财政分权与二氧化碳减排效率呈正相关,而在过度分权的情况下会促使财政分权与二氧化碳减排效率之间呈负相关,且在我们的样本中,有超过 97% 的观测值处于倒"U"形曲线的左侧,即对我国大部分地区而言,提高财政分权有利于提高二氧化碳减排效率。③当财政分权程度较低时,其对二氧化碳减排效率具有正的效应,且市场分割会减弱这种正效应;当财政分权程度较高时,其对二氧化碳减排效率具有负的效应,但市场分割会削弱这种负效应。我们的这一研究结论弥补了现有文献的不足。现有文献没有对财政分权与二氧化碳减排效率的非线性关系进行研究,而是简单地就财政分权与二氧化碳减排效率做回归验证。我们通过引入财政分权的平方项,很好地解决了这个问题。虽然财政分权在一定时期内有利于地方二氧化碳减排效率的提高,但随着财政分权程度的提高,过度分权的现象涌现,地方政府在政治升迁的激励下,只关注地方经济的发展而忽略了社会福利,从而影响了地区的二氧化碳减排效率。

当前全球经济与气候已经紧密结合在一起,主流经济学将减排问题归结为全球气候变暖协议中的政策工具设计议题,解决此问题的关键在于通过有力的激励机制保障减排的顺利实施,但如何将减排任务分解到具体的国家和地区就显得较为困难。中国已经明确了未来的减排目标,并按 GDP 和人口规模的省级减排任务划分,这势必加剧地区之间的竞争,进而导致产业的无序迁移及升级困难。如果我们能够从区域分工和协调发展的视角审视碳减排,或许可以找到一条缓解上述困境的路径;如果这条路径符合中国情境,则不仅可以丰富经济学理论,还能为地方政府和企业决策提供参考。

6.3.1 增强区域间的合作

自财政分权以来,地方政府的竞争关系造成了地区之间资源难以最优化配置,这不仅阻碍了地区经济的可持续发展,也对二氧化碳减排效率的提升造成了一定的阻碍。在第 5 章对二氧化碳减排效率的测算中,我们发现,我国区域间二氧化碳减排效率存在着很大的差异。二氧化碳减排效率较高的省区市都集中在东部或者沿海地区,而较低的省区市都集中在中西部欠发达地区,但这些地区往往资源很丰富。因此加强区域间的合作对二氧化碳减排效率的提高具有重大意义。

中国碳减排目标实现的困境,不在于政策工具的设计,而是区域目标分解的依据缺乏。作为全球经济的重要组成部分,中国已经明确提出于 2030 年左右达到二氧化碳排放峰值,到 2030 年非化石能源占一次能源消费比重提高到 20% 左右,2030 年单位 GDP 二氧化碳排放量比 2005 年下降 60% ~ 65%,森林蓄积量比 2005 年增加 45 亿立方米左右,全面提高适应气候变化能力等的强化行动目标。将我国中长期碳减排目标落到实处主要依靠政府调控下的经济结构与社会发展方式的转变,这也是其他国家在碳减排过程中形成的共识。就政府可以使用的政策工具而言，先行的欧美国家已经为我们提供了较为丰富的政策工具集合，例如提高现有能源效率，优化能源结构，调整工业产业结构及产品出口结构，征收碳税，鼓励和引导居民消费行为模式的转变等。因此，我国实施碳减排目标的难点不在于工具的匮乏，而是面对各省区市的地方政府，如何将目标分解，并有效贯彻实施。

国内外的经济学者对不同国家在全球碳减排问题上的责任划分进行了研究，其理论依据是基于公平性原则，考察各个参与碳交易市场的国家的二氧化碳减排边际成本是否等于边际收益，进而是否达到经济学上的效率最优。决定二氧化碳减排边际成本和边际收益的因素主要在于人口、经济规模及经济结构等，概括而言，就是一个经济系统中的最终消费量。在现实中，最终消费量的可观测指标往往被理解为 GDP 或人口，其含义在于生产越多，消费越多，则碳排放量越多，应该承担的减排任务就越重。以此为依据测算，经济发达的广东、江苏、浙江，人口密集的山东、河南，将成为减排的重点省区市，就此制定相应的政策，就应该能够保证减排目标的实现。

但是以 GDP 和人口为依据进行的减排任务省级分解是难以达到预期效果的，究其原因有两个层面。一个层面，就单个省区市而言，其并不构成一个完整的经济系统，生产和消费并非自给自足，本省区市生产的产品实际上大都是被其他区域所消费，GDP 较高的省区市都位于沿海的东部地区，制造业发达，生产技术和劳动水平都相对较高，技术升级的难度较大，减排潜力有限；而生产效率相对落后，产业结构有待提升的江西、云南、贵州等省区市的减排任务却很轻，它们恰恰是最具减排潜力的省区市。另一个层面，同样基于省区市并非具备完整经济系统的现实，将碳减排任务分解到省区市的层面，必然会引发省级之间的竞争，这种竞争将导致发达省区市在全面推行低碳经济的同时，将高碳排产业迁移到减排责任较轻的省市而完成减排目标，或者干脆以牺牲 GDP 的方式，通过停产、限产等极端手段保证减排目标的实现，这些无疑是不利于全国减排目标的实现及经济的良性增长的。因此，如何对减排目标进行有效分解，现有的理论依据还略显匮乏。

中国碳减排应打破省级之间的有形壁垒，在多种区域层面形成协作，构建自组织减排系统。将国家的碳减排战略目标分解到具体的区域加以实现,可行的理论依据就在于要将具体目标建立在一个将人口、资源和环境协调在一起的有机区域系统中,这个系统要涵盖第一、第二和第三产业,并且比重合理,大型和中型城市布局均衡,区域内部贸易流通顺畅,能够基本形成一个区域自组织能源循环系统,完成碳减排所真正凭借的是经济结构优化及生活方式改善。显然,基于区际的分工与合作,加之我国长期以来奉行的梯度区域发展战略,单靠一个省区市是很难实现上述目标的,突破省际的有形壁垒,在一个相对宽泛的区域实现碳减排目标是一条可行途径,具体而言,可以通过"经线整合""纬线整合"与"都市圈整合"三种模式加以实现。

"经线整合"是我国梯度区位战略发展的延续。一方面,我国东部沿海地区经济发达,城市化和工业化的水平较高,产业结构具有趋同性。以环渤海、长三角和珠三角为代表的东部地区,产业集群较为普遍,集群升级带来的产业链提升及新兴战略性产业发展将会极大优化该区域的能源消费结构,实现减排目标。另一方面,东部地区也是人口集聚区,通过优化城市布局,推进低碳生活方式,也必然要在消费环节达到碳减排目标。中部地区,以河南、山西、陕西、河北、江西、安徽等省区市为主体,矿产资源丰富,采掘业较为发达,GDP中资源类产品的比重较大,其消费主要是由其他省区市的工业消化吸收的,因此减排的潜力主要集中在非矿山开采类的工业领域和生活消费领域。西部地区地广人稀,资源丰富,减排压力较小,要防止碳强度高的产业过度迁入。"经线整合"是当前碳减排的主流思想,以产业升级推动减排效率,但是由于东、中、西经济发展存在差异,省级之间缺乏协调,竞争较为激烈,产业向中西部转移的态势较为迫切。

"纬线整合"是立足于我国东、中、西部经济发展的差异及资源配置的不同提出的更为深入的思考。碳减排过程中一个不能回避的关键问题就是产业的迁移和转型,要想有序地实现产业迁移和发展,就需要形成一个综合不同梯度发展水平的复合经济区域。因此,以纬度将全国分为北、中、南三个区域,实施区域内部统筹发展。以环渤海产业带为龙头,河北、山西为腹地,新疆、青海为后部,形成北部区域;以长三角为龙头,山东、河南、安徽、江西、武汉为腹地,重庆、四川、西藏为后部,形成中部区域;以珠三角、港澳为龙头，以广西为腹地，云贵为后部，形成南部区域。上述三大区域可以兼顾产业的协调与发展，有效地实施碳减排计划。在"纬线整合"过程中，围绕碳减排目标，龙头区域的部分产业可以迁移到腹地区域，腹地区域的部分产业也可以接入龙头区域的产业环节，形成内部产业循环，而后部省区市的经济规模与人口规模都不具备竞争优势，但是良好的自然环境和广泛的植被覆盖使其被定位为二氧化碳的吸收区域，提供正的外部性效应。

无论是"经线"还是"纬线"都涉及众多的省区市，要将碳减排落实到操作层面，除了战略层面的区域协调外，还可以立足小区域的都市圈划分明确具体的任务，这样也更便于区域之间的协调。因此，国家先后确立川渝都市圈、武汉都市圈、京津冀都市圈、辽中南都市圈等 10 大都市圈，它们既可以作为区域能源结构优化的试点，也可以成为大区域碳减排的协调机构，确保碳减排目标的实现。

中国碳减排不仅仅是中国作为大国勇于承担国际责任，为全球气候变化贡献力量的义举，更是我们优化产业结构和区域布局的良好契机，然而其实现却有赖于地方政府之间的协调。我国地方政府不仅仅是中央政府的地方机构，更是区域经济的规划者和实施者。综观中国的经济转型过程，地方政府作为政府和民众之间的中间枢纽组织，其自身已经逐步具有了越来越强的自主性和能动性，面对中国的碳减排问题更是如此。区域内部的产业竞争已经越来越突出地表现在地方政府的政策主张上。碳减排对具体企业而言，短时期内必然造成成本提升所带来的收益下降，这势必影响到当地 GDP 增长与居民就业，因此地方政府必然在减排问题上存在顾虑。为了降低减排所对应的产业转型成本，地方政府会采取产业外迁的策略，将减排压力传递到 GDP 总量落后的区域；为在规定时限内完成减排任务，地方政府会采用限产、停产的方式实现目标，加之与部分省区市之间产业结构雷同、产品结构相似，各省区市之间竞争加剧，此时地方政府会采用观望策略，获得后方优势，最大限度保障本区域经济发展。

因此，中国碳减排目标需要地方政府之间的协调发展，但这种协调不是单纯的计划实施与行政管制，而是立足于市场竞争和产业发展所体现出的博弈。在以往的经济转型发展过程中，地方政府已经在区域协调和分工过程中形成了动态的均衡态势，不同省区市在国内外的产业结构分工中扮演了不同的角色,在三大产业和行业分布中形成了较有竞争优势的结构。随着气候变化和金融危机给全球经济产业发展带来的巨大影响,新一轮的产业升级和调整已经开始,特别是国家对各大新兴战略性产业的规划给地方政府带来了新的发展契机,因此一轮新的博弈又将展开,此时围绕经线、纬线和都市圈整合完成的大区域范畴的产业优化和发展将更多地依赖地方政府在全局观念下的产业政策和规划衔接,企业的合作及城市发展模式的协调。

总之,我们应该站在更为立体的视角,对中国碳减排问题进行更为深入的解读,不能单纯追求数量目标的实现,而是应该考虑这种目标背后的区域能源结构优化、产业结构优化及最终形成的区域自组织形态。无论从何种视角、用何种方式来规划中国碳减排目标实施的具体路径,我们都必须对区域分工和协调的内涵和外延进行解读,不能局限于省级行政边界给我们设置的显性边界。

全球气温上升,二氧化碳作为一种温室气体,已成为全球关注的热点,各国对碳减排的必要性已形成共识。我国作为全球最大的碳排放经济体,正承受着越来越大的国际社会压力。但在特殊的政治环境下,我国实行财政分权后,大量的研究表明,财政分权同公共物品的供给呈负相关关系。但我们也不是完全否定分权制度,不可否认,财政分权在一定程度上促进了我国的经济增长,因此我们应该增强其合理性。

6.3.2 加快市场一体化进程

在文献回顾中我们提到,Tiebout(1956)认为,地方政府具有明显的信息优势,对本地居民的偏好能够更加了解,能为本地居民提供质量更好的公共物品,本地居民则通过"用脚投票"的机制来选择居住地,进而对政府提供的公共物品的质量进行选择,促进地方政府提供更优质的公共物品。这一理论被大部分学者所接受,但在我国,长期以来居民受户籍管理制度的限制,不能自由地在区域间流动;同时我国存在着较为严重的地方保护主义,从而导致资源难以被有效地利用。这两方面的限制导致劳动资本和物质资本在地区间的流动受到限制,从而使"用脚投票"这一机制失效,导致居民对地方政府的约束减弱。

为了使Tiebout(1956)提出的"用脚投票"这一前提条件得到满足,

我们应逐步放松区域间的户籍限制及加快市场一体化进程,使人口和资本流动自由化。由此地方政府也将越来越重视留住人力资本和物质资本,从而更加顺应居民及企业的偏好,为他们提供良好的居住环境和投资环境。

6.3.3 改革地方政府绩效考核机制

在我国,很长一段时间都是以经济指标来对政府官员进行考核。这种方式在经济改革初期收到了成效,极大地提高了地方政府的积极性,但随着这种制度的扭曲,其合理性受到了质疑。很多学者认为,这种考核制度容易促使区域间政府的财政竞争,地方政府受到自身的升迁或者经济利益的驱使,会倾向于提供有利于吸引资本的公共物品,会尽量减少对二氧化碳减排这种具有很大外部性的公共物品的投资。

因此,地方政府绩效考核机制的变革对二氧化碳减排效率的提高有着重大的意义。这里我们从两个方面对地方政府绩效考核机制的改革提出建议:① 单一的经济目标作为考核标准的机制已不能满足环境与经济协调发展的需求,须加入其他方面的考核指标(如绿色 GDP),这必然会使地方政府在关注地方经济发展的同时,也更愿意去关注如二氧化碳减排量等非经济指标;② 如果绩效考核指标过于复杂,将失去本应有的效力,因此一种更有效的方法是改变考核方式,由原来的"自上而下"到"自下而上",从而实现"用手投票"的机制,以此来加强居民和企业对地方政府的监督。

第7章 中国企业碳减排行为机理研究

7.1 企业碳减排行为的成本收益分析

企业在面临碳减排时往往缺乏热情,其原因是存在减排短期成本与长期收益之间的艰难抉择。企业碳减排行为的成本与收益分析是其减排行为决策的重要依据。从企业碳减排行为的实际情况来看,可以分为两种情况,即采取短期行为和采取长期行为。实际上,企业是否减排不仅仅取决于自身的成本收益,地方政府的监管水平与监管力度、地方政府之间的竞合、区域经济发展水平等因素都会影响企业的决策。而地方政府的监管水平与监管力度是影响企业碳减排行为的最重要因素。

7.1.1 短期行为下企业碳减排的成本收益分析

根据"制约假说",企业实施碳减排行为实际上是将企业生产经营活动的负外部性内部化,由此不可避免地造成成本增加,降低了企业竞争力;同时采取碳减排行为会占用企业的人财物等生产资源,其带来的"挤出效应"会限制企业扩大再生产等行为。Gray(1987)及Jaffe et al. (1997)等以美国制造业为研究对象对该假说进行了验证。因此,在20世纪环境问题刚刚被提出,许多企业被要求采取环保行为时,企业普遍表示反对,对环境规制和碳减排持消极应对的态度,更多的是采取末端治理甚至是逃避等的短期行为。当企业采取短期行为时,其成本主要表现为末端治理费用与政府罚金,如超额超标排污处罚或者诉讼赔偿等。但不实施碳减排或者采取消极应对措施的企业较之于其他碳减排企业,不仅可以享受他人减排带来的收益,还能节省节能减排投资的机会成本以扩大再生产,在短期内保有成本优势。

假设企业采取短期行为的成本为 a_1，收益为 a_2。如果地方政府对企业污染行为姑息纵容或者缺乏监管，则 $a_2 > a_1$，毫无疑问，这样企业便会缺乏采取碳减排行为的动力。为了迫使企业减排，地方政府必须加大监管与惩罚的力度，缩小 a_1 与 a_2 之间的差距，早期的政府命令控制型环境政策旨在增加企业排污成本以迫使企业采取长期环保行为。而在具体实施过程中，地方政府往往会受监管成本高及地方保护主义等因素影响，出现地方政府与企业间的合谋行为，即把高碳产业向其他地区无序迁移等现象。

7.1.2　长期行为下企业碳减排的成本收益分析

从长远来看，企业碳减排的主要途径有二：技术减排与结构减排。技术减排是指企业通过环保技术研发创新、提高能源利用效率等途径实现碳减排；结构减排是指企业通过调整产品结构、优化用能结构等实现碳减排。从长期来看，企业采取技术创新、结构调整从源头进行减排控制会获取政府减排经济补贴、税收优惠及技术创新扶持等一系列政策支持。而其他利益相关者如消费者、投资者（银行）等也会因为企业承担社会责任的行为而对其发展给予更多的支持。"波特假说"（Porter，1991）从动态的角度出发，认为合理的环境规制能促使企业提高技术水平并进一步优化资源配置，由此给企业带来的"创新补偿"效应和"先动优势"，可以部分甚至全部抵消企业的"遵循成本"，是企业在低碳时代竞争生存的利器。Berman et al.（2001）、Alpay et al.（2002）、张成等（2010）及张三峰等（2011）等分别对该假说进行了验证。

早期政府命令控制型环境政策的实践证明，即使地方政府有充分的监管意愿，仅仅依靠监管惩罚机制并没有实现帕累托最优。平衡企业碳减排行为的成本与收益是解决问题的关键一环。假设企业采取长期行为的成本为 b_1，收益为 b_2，当 $b_2 > b_1$ 时，企业才有采取长期行为的意愿。一方面，地方政府要加大对企业采取长期行为的资金与技术支持力度，降低企业碳减排行为的成本与风险；另一方面，政府要善于借力市场机制，利用税收与信贷政策的杠杆作用，建立排污权交易市场与碳交易市场。

7.2 中国环境政策体系演进简评

进入新世纪以来,中国建立了基本的环境政策体系,但不足之处在于中国环境政策仍然是以政府主导的命令控制型政策为主,市场经济激励型和社会公众参与型的新型环境政策较为缺乏,企业、社会居民等相关减排主体参与程度较低。

7.2.1 政府命令控制型环境政策

中国环境保护事业起步于1973年在北京召开的第一次全国环境保护会议。会议决定成立国务院环境保护领导小组及其办公室,主要关注全国工业"三废"(废水、废气、废渣)的治理,并确立了"三同时"制度、排污收费制度和环境影响评价制度,这些是我国第一代环境政策工具的代表。由于政府命令控制型环境政策以政府行政命令为主导,具有强制性和速效性的特征,在解决环境问题时往往能起到立竿见影的效果。不可否认,在早期乃至当下,政府命令控制型环境政策对改善环境问题发挥了重要作用。但随着环境问题的日益复杂化,此类环境政策的缺点也日益凸显。在经济学家们看来,政府命令控制型环境政策存在许多缺点。其一,政府监管信息成本高。该类政策行政命令色彩浓重,使得政府和企业的博弈长期锁定在非合作状态,政府信息获取成本大大提高,降低了其效率。其二,"一刀切"标准的采取,使得每个厂商承担同样的污染控制负担,没有考虑到不同企业的成本差异。在现实中,如果某个厂商生产的产品价格弹性较高,而又无法将治污成本转嫁给消费者的时候,一些条件比较苛刻的环境标准可能会导致一家企业的破产。其三,环境政策留给企业的可操作空间太小,在一定程度上阻碍了企业的技术创新。当企业的技术或者绩效水平达到政府规定的标准时,企业就没有动力再去进行技术创新,因为超过政府标准的技术水平不仅不会受到褒奖而且可能会导致政府制定更加严格的规制。同时,在这种政策体系下,寻租行为、资源浪费难以避免。在"十一五"末期,国内不少省份因无法完成节能减排目标,出现了地方政府"拉闸限电"、强制性停产等不和谐的行为,这不仅不利于经济的发展,从更长远来看,这种行为还增加了企业对地方政府节能减排号召的敌对情绪,不利于低碳经济的建设。

7.2.2 市场经济激励型环境政策

20世纪末至今,中国进一步丰富了环境政策体系,中国工业污染防治开始从"末端治理"向全过程控制转变,从分散治理向分散治理与集中治理相结合转变,并开始了清洁生产的试点。同时中国制定了一系列的碳减排目标。在这一阶段,中国进一步形成了一系列市场激励型环境政策及新型环境政策工具,如"十一五"期间的企业节能自愿协议,建立减排交易市场、碳金融市场及完善绿色信贷市场等,不断加大政府对环保企业的节能减排补贴、技术扶持及税收优惠,自市场经济激励型环境被提出以来,对抑制环境污染产生了非常大的作用,逐渐成了环境政策体系中的主要角色。各个国家纷纷在国内开展了环境税改革,积极搭建排污权交易体系,并取得了很好的效果。目前,国内不少省区市建立了区域碳交易市场和排污许可交易市场,但由于起步较晚等众多因素的影响,交易额小且增长速度缓慢。近年来,国内不少学者就中国是否应该征收碳排放税展开了激烈的讨论,这些都反映了基于市场的减排政策工具在国内开始扮演重要角色。

西欧发达国家自20世纪90年代就开始征收碳税,合理的碳税有利于调节国家税收结构,撬动国家经济结构的改良。(车卉淳,2003)但征收碳税会使能源价格上升,影响国内企业竞争力。近年来,欧美国家提出的碳关税就是一个很好的例证。而从理论方面来看,庇古认为,碳税征收的额度应当等于边际社会损失,如此才能将损失控制在社会最优水平上。实际上,边际社会损失几乎无法确定,不同企业的减污成本信息也很难获得,这一定程度上影响了碳税的实施效果。在低碳经济社会中,碳排放权将成为不可或缺的生产要素,基于产权理论的碳排放权交易充分地调动了企业自主减污的积极性。但是科斯的产权理论在解决环境污染问题时存在致命缺陷,环境资源的全世界共有属性决定了我们无法对产权做出清晰的界定。另外,在现实中,存在大量的信息不对称,交易成本为零几乎无法得到满足。从哥本哈根世界气候大会到多哈气候大会,关于碳减排责任分担及碳排放权的初始分配一直没有达成世界性的共识,我们试图依靠界定环境资源的产权理论存在不可逾越的障碍。

7.2.3　社会公众参与型环境政策

目前,由于此类政策诞生时间较短,关于第三代环境政策工具的研究探讨还较为有限。但不可否认的是,公众低碳意识的觉醒及公众参与是低成本、高效率解决环境问题的极其重要的一环。低碳企业在能源价格扭曲情况得到改善的条件下,因其成本相对较低,更容易获得投资者的青睐。在资本市场,企业环境信息的披露可以引起利益相关者的充分关注,引起企业股票在资本市场上的价格波动,正面的环境绩效评价带来股价上扬,而较差的环境业绩则导致股价下跌。因此,基于碳信息披露的社会公众参与型环境政策将扮演越来越重要的角色。目前,我国碳信息披露发展及研究均处于起步阶段,尚未建立统一的框架体系及评价指标,无法进行统一考核,大多数企业对碳信息披露存在抵触心理或者处于观望状态。因此,学界呼吁政府应当借鉴国外经验,结合国内实际情况,建立并完善碳信息披露制度,出台相关激励政策,更好地借力于公众及非政府组织(Non-Governmental Organizations,NGO)等社会组织,共同应对气候变化问题。企业则应当顺应"低碳革命"大潮,积极参与碳减排活动,善于借力碳金融市场,打造低碳时代企业竞争利器。

7.3　地方政府与企业碳减排行为博弈分析

在很大程度上,地方政府与企业之间的碳减排博弈决定了我国减排目标的实现与低碳经济建设的成败。企业的减排态度往往与地方政府之间的监管力度密切相关。从地方政府的角度来看,严厉的减排监管可能导致产业向外地迁移,从而带来地方 GDP 下降、劳动岗位缩减、地方财政收入减少等问题。在现行的 GDP 至上的政绩考核体系下,地方政府也倾向于采取短期行为。哥本哈根世界气候会议以后,中国加强了对节能减排的关注,先后提出了 2020 年和 2030 年的碳减排行动目标,并在国内下达了一系列节能减排硬性约束指标,促使地方政府加大监管力度。同时,注重环境政策工具体系的完善,激励企业采取长远的减排应对措施。

7.3.1 模型假设

第一,企业的碳减排行为主要分为长期行为与短期行为:长期行为即企业采取环保技术研发投资、结构调整等从源头开始的全过程的减排策略;短期行为即企业对政府环境规制采取忽略或予以规避甚至逃避等的策略。

第二,政府的减排监管行为可以分为严格监管与松弛监管:严格监管即地方政府严格执行国家节能减排政策要求,监督企业完成节能减排目标;松弛监管即地方政府象征性地传达中央政策文件,而并不真正监督企业减排。

第三,企业采取长期行为的成本主要包括环保技术研发投资、设备购买投资及基础设施建设投资等;企业采取长期行为的收益主要包括政府的节能减排经济补贴、税收优惠、技术扶持,还有来自利益相关者如消费者、碳金融市场投资者等的支持及企业低碳创新带来的"先动优势"与"创新补偿"等竞争优势。

第四,企业采取短期行为的成本主要是政府严格监管时的罚金及污染治理费用等;企业短期行为的收益主要是节省节能减排投资带来的机会成本。

第五,政府采取严格监管策略会带来监管成本;当企业采取长期行为时,政府可以获取企业环保行为带来的环境收益;当企业采取短期行为时,如果政府严格监管,政府可以获取一定数额的罚金。

第六,企业是否安排环保专项投资或者污染治理资金是检验企业是否采取长期行为的判断标准。

基于以上假设,地方政府的策略集为严格监管与松弛监管,企业的策略集为长期行为与短期行为。假设地方政府和企业处于信息完全的情况,即双方都完全清楚对方的策略选择集合且双方都对采取某一策略后所产生的收益完全清楚。

7.3.2 模型分析

设企业减排的长期行为投资成本为 a,政府严格监管的成本为 b。此时,企业采取长期行为的企业收益为 c,政府的环境收益为 d;企业采取短期行为的收益也为 a,此时政府监管对企业进行罚款带来的企业损失为 f,g 为企业采取短期行为造成的环境破坏给地方政府带来的损失。根据相应的得益,可以得出博弈矩阵如表 7-1 所示。

表 7-1　地方政府与企业碳减排博弈利益矩阵

企业行为　　地方政府	长期行为	短期行为
$(f-b,a-f)$	严格监管	$(d-b,c-a)$
$(-g,a)$	松弛监管	$(d,c-a)$

基于信息完全的情况,该博弈模型分析如下:

第一,当 $f-b<-g$ 时,地方政府的最优选择策略是松弛监管。此时又可以分为三种情况来讨论。

①$c-a>a$ 时,这种情况下的均衡策略是地方政府松弛监管,企业采取长期行为,即如果企业采取长期行为带来的收益远大于采取短期行为带来的收益,即使政府松弛监管,企业仍会选择长远的减排行为。

②$c-a<a-f$ 时,这种情况下的均衡策略是地方政府松弛监管,企业采取短期行为,即当企业的减排成本大于长期收益和政府罚金时,企业会选择短期行为。

③$a>c-a>a-f$ 时,这种情况下的均衡策略是地方政府松弛监管,企业采取短期行为。

第二,当 $f-b>-g$ 时,无法直接得出地方政府的最优策略。此时通过划线法对其进行分析。

①$c-a>a$ 时,这种情况下的均衡策略是地方政府松弛监管,企业采取长期行为。

②$c-a<a-f$ 时,这种情况下的均衡策略是地方政府严格监管,企业采取短期行为。

③$a>c-a>a-f$ 时,这种情况下没有纯策略。

在③的情况下,假设地方政府严格监管的概率是 p,则松弛监管的概率为 $(1-p)$,企业采取长期行为的概率为 q,则采取短期行为的概率为 $(1-q)$。此时,企业无论选择短期还是长期行为,应当使得地方政府选择严格监管或者松弛监管的获利相等；地方政府无论选择严格监管还是松弛监管，应当使得企业选择长期行为或者短期行为的获利相等。由此可以得出

$$p(c-a)+(1-p)(c-a)=p(a-f)+(1-p)aq(d-b)+(1-q)(f-b)$$
$$=qd-(1-q)g$$

通过计算，政府选择严格监管的概率 $p=(2a-c)/f$，企业采取长期行为的概率 $q=1-b/(f+g)$。

当 $\frac{\partial p}{\partial a}=\frac{2}{f}>0$ 时，企业采取长期行为投资的成本越大，政府选择严格监管的概率就越大。

当 $\frac{\partial p}{\partial c}=-\frac{1}{f}<0$ 时，企业采取长期行为的获益越大，政府选择严格监管的概率就越小。

当 $\frac{\partial q}{\partial e}=-\frac{1}{f+g}<0$ 时，政府严格监管的成本越高，企业采取长期行为的概率就越低。

总而言之，企业是否采取长期减排行为主要取决于长期减排行为能否给企业自身带来收益，获得收益是企业采取长期行为的内部动因。加大地方政府的监管力度在一定程度上能促使企业采取减排措施，是外部因素。因此，从根本来看，为达到良好的节能减排效果，地方政府要努力帮助企业增加采取长期减排行为所获得的收益，即政府要加大激励力度，引导社会资源流向节能环保企业和项目，增加节能环保技术研发投资基金，同时辅之以政府排污监管措施。目前，国内已初步建立了较为完备的环境政策体系，但尚未充分发挥环境政策对企业减排行为的激励作用，究其原因有二：一是地方政府在环境政策制定与执行中存在偏差，没有充分考虑行业、企业规模或地区差异等；二是企业对区域环境政策感知存在偏差，不同的企业对环境政策的解读存在差异，从而影响企业的碳减排决策，如企业领导人的特质、企业对环境政策信息的获取途径等都会造成这种差异。在后文，笔者将进一步探讨区域环境政策感知对企业碳减排行为的影响。

第8章　中国企业碳减排行为实证研究：
基于浙江省县域的视角

8.1　浙江省经济增长与能源消费概述

浙江省是我国经济大省也是能源消费大省。根据笔者对相应年份的中国统计年鉴和中国能源统计年鉴的统计：2006—2014 年，浙江省GDP 稳居全国所有省区市的第四位；平均每年消费 16 517 万吨标煤，位列全国第八。在全国国有及非国有规模以上工业企业①数量方面，浙江省平均占有 12.83% 的份额。根据表 8-1 和表 8-2，从能源和 GDP 增长的角度来看，浙江省以消耗全国 4.9% 的能源创造了全国 6.8% 的 GDP；从能源强度角度来看，浙江省能源强度仅落后于北京、广东。

表 8-1　浙江省各项统计数据占全国的比例

	GDP 总量	能源消费总量	规模以上工业企业数量	私营企业数量
2006 年	7.27%	5.11%	15.13%	19.18%
2007 年	7.06%	5.18%	15.32%	18.85%
2008 年	6.83%	5.18%	13.80%	16.40%
2009 年	6.74%	5.08%	13.81%	16.39%
2010 年	6.90%	5.19%	14.21%	17.09%
2011 年	6.83%	5.12%	10.55%	12.37%

① 2006—2010 年非国有规模以上工业企业指年产品销售收入在 500 万元以上的非国有工业企业，2011—2014 年以后指年产品销售收入在 2 000 万元以上的非国有工业企业。

续　表

	GDP 总量	能源消费总量	规模以上工业企业数量	私营企业数量
2012 年	6.49%	4.50%	10.62%	12.66%
2013 年	6.42%	4.47%	11.22%	13.45%
2014 年	6.31%	4.42%	10.81%	12.90%

资料来源:笔者整理。

表 8-2　2006—2014 年全国能源强度[①]最低的五个省市

单位:(吨标煤/万元)

	北京	广东	上海	浙江	江苏
2006 年	0.76	0.77	0.87	0.86	0.89
2007 年	0.71	0.74	0.83	0.82	0.85
2008 年	0.66	0.71	0.80	0.78	0.80
2009 年	0.60	0.68	0.72	0.74	0.76
2010 年	0.58	0.66	0.71	0.71	0.73
2011 年	0.45	0.56	0.62	0.59	0.60
2012 年	0.40	0.50	0.56	0.56	0.57
2013 年	0.38	0.48	0.53	0.53	0.53
2014 年	0.36	0.46	0.48	0.50	0.50

资料来源:笔者整理。

浙江省是我国出口大省,企业众多,民营经济发达,其中规模以上工业企业和私营企业数量在全国占有较大比例,可见平衡碳减排与经济增长之间的关系意义重大。从以上分析来看,浙江省在保持经济持续增长的同时顺利地实现了能源强度的降低,这是否意味着浙江省已经找到了实现经济增长与碳减排协同发展的路径呢?基于此,笔者以 1995—2014年浙江省能源消费数据与相关经济数据为基础,利用第 3 章的复合协同度模型测算浙江省经济增长与碳减排的复合系统协同度,对浙江省的碳减排形势进行分析。

---

①　2006—2010 年的单位 GDP 能耗按 2005 年的价格计算,2011—2014 年的单位GDP 能耗按 2010 年的价格计算。

8.2　浙江省经济增长与碳减排协同研究

8.2.1　数理模型

参见 3.1.1 的协同度模型。

8.2.2　指标选择

一般看来，衡量经济增长的主要指标有 GDP 增长率和人均 GDP 增长率。（高鸿业，2007）刘则杨（1999）运用层次分析法对宏观经济评价指标体系进行研究，结果发现，影响宏观经济业绩最大的因素是产出。我国正处于工业化时期，第二产业占据三次产业的半壁江山，是我国碳排放快速增长的主要原因。提高第三产业在三次产业中的比重不仅是经济发展的要求，也是实现碳减排的重要途径。投资、消费、出口是拉动我国经济快速增长的三驾马车，内需不足、消费乏力是制约我国经济发展的重要因素。因此，本书选取 GDP 增速、人均 GDP 增速、第三产业占比及居民消费指数四个指标来测算经济有序度。

中国制定的主要碳减排目标有：到 2020 年单位 GDP 二氧化碳排放量比 2005 年下降 40%～45%；到 2015 年单位 GDP 能耗比 2010 年下降 16%；力争到 2015 年，非化石能源占一次能源的消费比重达到 11.4%；到 2030 年左右二氧化碳排放量达到峰值，到 2030 年非化石能源占一次能源的消费比重提高到 20% 左右，到 2030 年单位 GDP 二氧化碳排放量比 2005 年下降 60%～65%。基于以上目标，本书选取能源强度（单位 GDP 能耗）、碳强度（单位 GDP 二氧化碳排放量）、人均二氧化碳排放量和能源消费弹性系数[①]四个指标来测算碳有序度。

---

① 能源消费弹性系数是经济增长量与能源消费增长量的比值，反映了能源利用效率与经济增长对能源消费的依赖程度。

8.2.3　数据收集与处理

依据中华人民共和国国家统计局[①]和浙江统计局[②]门户网站上的相关统计年鉴,笔者获取了 1995—2014 年浙江能源消费数据及经济增长数据,部分数据如碳排放量则根据各地区能源消费结构计算得出。碳排放量的测算方法为:首先根据各地的能源消费结构,将不同能源消费数据按照相应折算系数折算成标准煤(参见附录 GB/T 2589—2008《综合能耗计算通则》),再乘以各自的碳排放系数(参见国家发改委能源研究所[③]的系数),从而得出碳排量,具体测算方法见式(8-1)。GDP 及人均 GDP 则是以 1995 年的不变价得出。

$$C = \sum_{i=1}^{n} a_i m_i \mu_i \tag{8-1}$$

其中,m_i 为第 i 种能源的消费量,a_i 为第 i 种能源的标准煤折算系数,μ_i 为第 i 种能源的碳排放系数。基于此,得出初始数据,具体见表 8-3 和表 8-4。

由于数据计量单位不同,需要对数据进行预处理。对于正向功效的指标,选式(8-1)进行正规化处理;对于负向功效的指标,选式(8-2)进行正规化处理。正规化处理后,本书采取客观赋权法对各项评价指标进行赋权,以确定各评价指标的权重。客观赋权法的基本思想是:评价指标权重由两个因素决定——标准差和相关系数。(王昆等,2003)标准差反映了评价指标的变异程度,变异程度越高则标准差越大;相关系数则表示某一变量对其他变量影响程度的大小,即在系统中的重要性,具体见式(8-2)和式(8-3)。

$$C_j = \sigma_j \sum_{i=1}^{n} (1 - r_{ij}), j = 1, \cdots, n \tag{8-2}$$

其中,r_{ij} 是评价指标 i 和 j 之间的相关系数;σ_j 为第 j 项评价指标的标准差;C_j 表示第 j 项评价指标包含的信息量,其取值越大则其相对重要性就越大,故其权重应为

[①]　http://www.stats.gov.cn/tjsj/ndsj/.

[②]　http://www.zj.stats.gov.cn/.

[③]　http://www.eri.org.cn/index.php/.

$$\omega = \frac{C_j}{\sum_i^n C_j}, j = 1, \cdots, n \qquad (8-3)$$

将各指标的权重和功效系数代入式(3-5)便可得出子系统有序度,进而依据式(3-6)可得出复合协同度。

表8-3 浙江省经济增长子系统指标值

年份	GDP增速	人均GDP增速	居民消费指数	第三产业比重
1995	16.8%	16.0%	8.8	32.4%
1996	12.7%	12.2%	11.9	32.5%
1997	11.1%	10.4%	4.9	32.3%
1998	10.2%	9.6%	3.7	33.2%
1999	10.0%	9.5%	3.8	34.2%
2000	11.0%	8.1%	9.9	36.4%
2001	10.6%	7.7%	9.1	38.6%
2002	12.6%	11.5%	11.0	40.3%
2003	14.7%	13.2%	13.9	40.1%
2004	14.5%	12.7%	12.5	39.4%
2005	12.8%	11.2%	13.6	39.9%
2006	13.9%	12.2%	13.3	40.0%
2007	14.7%	12.8%	11.6	40.6%
2008	10.1%	8.6%	9.1	41.0%
2009	8.9%	7.7%	12.4	43.4%
2010	11.9%	9.5%	10.5	44.0%
2011	9.0%	7.2%	10.7	44.6%
2012	8.0%	7.7%	6.0	46.3%
2013	8.2%	7.9%	7.4	47.5%
2014	7.6%	7.3%	7.3	47.8%

资料来源:笔者整理。

表 8-4　浙江省碳减排子系统指标值

年份	能源消费量	二氧化碳排放量	能源强度	碳强度	人均二氧化碳排放量	能源消费弹性系数
1995	4 580	4 836	1.30	1.36	1.11	0.47
1996	5 128	5 272	1.29	1.31	1.20	0.51
1997	5 422	5 546	1.23	1.25	1.25	0.49
1998	5 438	5 582	1.12	1.14	1.26	0.38
1999	5 457	5 904	1.02	1.09	1.32	0.53
2000	5 967	6 694	1.00	1.12	1.49	0.91
2001	6 530	7 337	0.99	1.11	1.62	0.99
2002	8 280	8 596	1.12	1.15	1.90	1.12
2003	9 523	9 807	1.12	1.15	2.15	1.02
2004	10 825	11 371	1.11	1.16	2.48	0.94
2005	12 032	13 211	1.10	1.19	2.87	0.87
2006	13 219	15 015	1.06	1.19	3.24	0.71
2007	14 524	17 036	1.01	1.18	3.66	0.67
2008	15 107	17 414	0.96	1.09	3.71	0.40
2009	15 567	18 112	0.91	1.05	3.84	0.34
2010	16 865	19 781	0.88	1.02	4.17	0.70
2011	17 827	21 272	0.85	1.01	4.45	0.63
2012	18 076	21 449	0.80	0.95	4.47	0.18
2013	18 640	22 031	0.76	0.90	4.56	0.50
2014	18 826	22 154	0.72	0.84	4.56	0.13

注:第2～7列指标的单位分别为:万吨标煤、万吨、吨标煤/万元、吨碳/万元、吨碳/人、吨标煤/万元。

资料来源:笔者整理。

8.2.4　结果分析

我们依据以上方法测算浙江省经济增长与碳减排目标复合系统(以下简称复合系统)协同度,结果见表8-5和图8-1。

表 8-5 复合系统协同度计算结果

年份	经济有序度	碳有序度	经济协同度	碳协同度	复合系统协同度
1995	0.521 47	0.596 10			
1996	0.389 63	0.598 97	−0.131 84	0.002 87	−0.019 45
1997	0.159 14	0.661 77	−0.362 33	0.065 67	−0.154 25
1998	0.121 84	0.801 58	−0.399 63	0.205 48	−0.286 56
1999	0.149 20	0.807 30	−0.372 27	0.211 20	−0.280 40
2000	0.332 25	0.653 38	−0.189 22	0.057 28	−0.104 11
2001	0.369 65	0.620 38	−0.151 82	0.024 28	−0.060 71
2002	0.606 85	0.468 72	0.085 38	−0.127 38	−0.104 29
2003	0.753 35	0.475 87	0.231 88	−0.120 23	−0.166 97
2004	0.685 91	0.462 75	0.164 44	−0.133 35	−0.148 08
2005	0.643 63	0.433 22	0.122 16	−0.162 88	−0.141 06
2006	0.693 11	0.464 61	0.171 64	−0.131 49	−0.150 23
2007	0.713 74	0.458 11	0.192 27	−0.137 99	−0.162 88
2008	0.457 62	0.610 98	−0.063 85	0.014 88	−0.030 82
2009	0.539 78	0.664 70	0.018 31	0.068 60	0.035 44
2010	0.634 66	0.530 15	0.113 19	−0.065 95	−0.086 40
2011	0.522 08	0.541 01	0.000 61	−0.055 09	−0.005 80
2012	0.521 01	0.715 32	−0.000 46	0.119 22	−0.007 41
2013	0.588 64	0.667 36	0.067 17	0.071 26	0.069 18
2014	0.556 21	0.785 59	0.034 74	0.189 49	0.081 13

根据表 8-5 和图 8-1,从复合系统协同度来看,大部分年份的取值都为负,仅在 2009 年、2013 年和 2014 年为正值,且均小于 0.1,这说明整体上浙江省经济增长与碳减排两大目标之间并没有实现协同发展,但协同度在逐步提升,整体趋势向好。观察图 8-1 可以发现,以 2001 年和 2009年为分界点,复合系统协同度呈现明显的阶段性特征。结合浙江省经济增长与碳减排子系统协同度趋势图(图 8-2)和浙江省经济增长与碳减排子系统有序度趋势图(图 8-3),可对浙江省经济增长与碳减排的协同趋势进行分阶段分析。

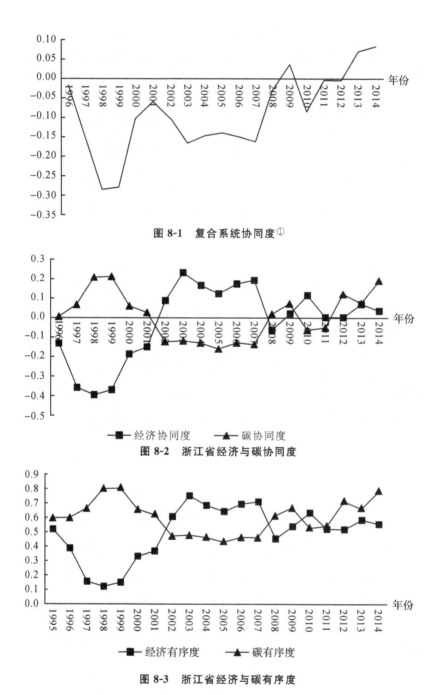

图 8-1　复合系统协同度①

图 8-2　浙江省经济与碳协同度

图 8-3　浙江省经济与碳有序度

---

① 协同度的计算是以 1995 年为基年,故 1995 年没有协同度,只能求出 1995 年的有序度。

阶段 1:1995—2001 年。2001 年以前,复合系统协同度的均值为 −0.168 95,经济有序度和协同度均较低,相反碳有序度和协同度均较高。加入 WTO 以前,中国市场经济发展处于起步阶段,同时受亚洲金融危机的冲击和自然灾害等因素的影响,经济增长较为缓慢。这恰恰也降低了能源的消费,抑制了碳排放,因此经济有序度小于碳有序度。

阶段 2:2002—2008 年。加入 WTO 给国内出口型企业带来了大量订单,浙江省作为沿海经济大省受益明显,出口经济飞速发展。因此,在这一阶段,经济有序度和协同度迅速上升。而经济快速增长的背后是能源消费的激增和温室气体排放量的增加,这导致了碳有序度和协同度急剧下降。在阶段 2,复合系统协同度均值为 −0.120 63,较第一阶段仅有小幅度的改善。

阶段 3:2008—2014 年。经济飞速发展带来了能源消费和碳排放的急剧增加,2007 年中国超越美国成为全球第一大碳排放国。2009 年哥本哈根世界气候大会上,发达国家要求中国减排的呼声日益高涨。在此背景下,中国相继提出了到"十一五"末期实现单位 GDP 二氧化碳排放量较 2005 年下降 20% 的目标和到 2020 年实现单位 GDP 能耗较 2005 年下降 40%~45% 的目标。随着中国政府日益注重平衡经济增长与碳减排的关系,走低碳发展道路也获得了全社会的拥护。在阶段 3,复合系统协同度大幅提升,年均值为 0.014 36。

依据图 8-2 和图 8-3,对比两大子系统的协同度,不难发现,在大部分年份中,两者呈现此消彼长的反向发展趋势。基于此,笔者对复合系统协同度、经济协同度及碳协同度进行相关分析,结果见表 8-6。

表 8-6　各协同度值的相关分析

		复合系统协同度	经济协同度	碳协同度
复合系统协同度	Person	1	−0.021	0.226
经济协同度	Person	−0.021	1	−0.749**
碳协同度	Person	0.226	−0.749**	1

注:** 表示在置信度为 0.01 时,相关性是显著的。

由表 8-6 可以得出,复合系统协同度与经济增长子系统、碳减排子系统之间并不存在显著性相关关系,但经济增长子系统与碳减排子系统之间存在显著性负相关关系。这说明浙江省的经济增长仍是以能源消耗和环境污染为代价的。但从图 8-3 可以看出,在 2007 年以前,碳减排子系统与经济增长子系统之间的协同度几乎处于反向发展的趋势,而自 2008年开始,两者之间的差距开始缩小,甚至一度处于协同发展的状态。其原因是中国政府制定了一系列的环境政策和法规,统筹经济增长和碳减排两大目标。因此,两大子目标系统之间的差距逐渐缩小。

通过对复合系统协同度的分析,我们可以得出:

①从整体来看,除 2009 年、2013 年和 2014 年以外,复合系统协同度在其余年份均为负,没有实现经济增长与碳减排子系统的协同发展。

②以 2001 年和 2009 年为界进行分阶段的研究后可以发现,三个阶段的复合系统协同度分别为 -0.168 95,-0.120 63 和 0.014 36,协同度分阶段逐步提升。这说明随着国家和地方政府对节能减排的重视,经济增长与碳减排之间呈现协同发展趋势。

③通过对复合系统与两大子系统的协同度的相关分析可知,经济子系统与碳减排子系统之间存在显著性负相关关系,这说明浙江省的经济增长仍然以大量的资源消耗和环境污染为代价。

虽然单独从经济增长和碳减排成效来看,浙江省取得了不错的成绩,但实际上离实现经济增长与碳减排的协同发展仍有很大差距。作为节能减排的两大微观主体,地方政府和企业的态度与行为攸关低碳经济建设的成败。因此,本章在进一步探讨企业碳减排行为机理的基础上,对浙江省宁波市某区的 500 余家规模以上工业企业进行了问卷调查,意图探索区域环境政策感知对企业碳减排行为的影响。在此基础上,我们分别就地方政府和企业应对碳减排问题时的策略组合提出建议。

8.3　企业碳减排行为研究假设与概念模型

8.3.1　相关研究及假设

"波特假说"指出,企业投资研发新型环保技术最终会获取"创新补偿"和"先动优势",可能会出现环境规制与企业生产率的"双赢"。张成等(2011)通过实证分析也得出结论:适度较高的环境规制强度能提高企业的生产技术进步率。张三峰等(2011)利用 2006 年对 12 个城市中国企业的调查问卷实证研究了环境规制对企业生产率的影响及机制,研究发现,环境规制及其强度与企业生产率之间存在着稳定的、显著的正向关系,生产率越高的企业越有能力和资金进行环保设备、技术投资。张嫚(2006)认为,政府应当提高环境规制标准,使得企业违反环境规制的成本大幅提高,从而降低企业规避或逃避环境责任的可能性,使得企业认真考虑并制订本企业的环境管理战略。因此,提出以下假设:

H1:政府环境规制对企业减排行为具有正向促进作用。

企业作为减排工作的主要承担者,在碳减排实施过程中经常陷入节能成本投入高、担负责任大、经济效益少的现实困境;与之相反,政府则可以在不承担风险的情况下,享受到企业节能所带来的各项收益。(王琳等,2011)研发创新环保技术需要较大前期投资,在市场机制运作下短期内难以回收成本。林伯强等(2011)认为,如果政策能够给予足够的引导与扶持,使节约资源的技术比相对耗费资源的技术更有优势,那么节约资源的技术会迅速替代其他耗费资源的技术。周波(2011)认为,政府投资、税收、政府采购和财政贴息等财税激励政策对推进企业节能减排至关重要。因此,提出如下假设:

H2:政府经济技术扶持对企业减排行为具有正向促进作用。

低碳企业的发展需要雄厚的资金支持来用于设备更新、技术改造和节能减排,强大的、持续的资金支持是企业实现绿色生产经营和低碳发展的保障。因此,低碳经济发展形势下的融资问题,成为企业发展的关键。(王宜刚等,2011)而节能环保设备和技术创新往往需要投入大量资金,但回收周期长,存在较大风险,因此引入绿色融资机制成为企业的必然选择。科斯的产权理论认为,应当对环境资源等公共物品进行产权界定以实现对市场失灵的矫正。早期的排污权交易及新兴的碳交易市场在促进企业减排的过程中扮演着日益重要的角色。因此,提出如下假设:

H3:市场经济激励型环境政策对企业减排行为具有正向促进作用。

全球大气环境恶化掀起了"低碳经济"的浪潮,也激发了地球居民的低碳意识。根据利益相关者理论和资源依赖理论,组织迫于利益相关者的压力,被要求履行环保责任以获取它们所需要的资源。企业对外部关键资源的依赖作用使得利益相关者发挥重要的杠杆作用。贺建刚(2011)以碳信息披露项目对世界500强公司的调查数据为样本,实证分析了碳信息披露的透明度及管理绩效,研究发现,企业披露碳信息的主动性和透明度日益提高,降低了信息环境的不确定性,有助于为投资者提供决策有用性信息。岳书敬(2011)认为,在政府政策调控加强及公众低碳意识逐步觉醒的背景下,市场竞争会促使资本向更具低碳发展性的企业流动。因此,提出以下假设:

H4:社会公众参与型环境政策对企业减排行为具有正向促进作用。

8.3.2 概念模型

环境政策实际上是一种政府针对企业生产经营活动中的负外部性的纠偏机制。但相同的环境政策对不同行业、不同规模、不同所有制性质及不同地区的企业的影响机制均会存在差异。而这种差异一方面取决于地方政府的政策贯彻力度与执行方式,另一方面则取决于企业自身对环境政策的感知与解读。根据《现代汉语词典》(第6版)可知,感知是指客观事物通过感觉器官在人脑中的反映。在日常应用中一般用它解释人们在受到事物刺激后所表现出的各种反应。对于环保、新能源等行业的企业来讲,则更偏好严格的环境规制及完善的市场准入机制;大型跨国公司的环保研发投资意愿往往更强烈,而中小企业则往往采取末端治理甚至逃避的应对策略;市场经济激励型及社会公众参与型环境政策对发达国家与地区的企业的激励作用更显著,而政府命令控制型环境政策在欠发达国家与地区的减排效果较之于其他政策更优。在本章,企业环境政策感知是指企业对政府环境政策的认知与解读。在本章的调查问卷中,企业环境政策感知表现为问卷填报人(均为企业副总或能管员)的政策感知。

根据以上分析及假设,本章提出区域环境政策感知-企业碳减排行为研究概念模型,如图8-4所示。本章将在描述性统计、因子分析、相关分析和回归分析的基础上,探讨企业对不同区域环境政策感知的差异对企业不同减排行为的影响。

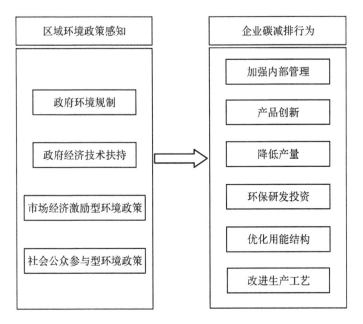

图 8-4　本章研究概念模型

8.4　企业碳减排行为实证研究

8.4.1　问卷调查概况及量表设计

（1）问卷调查概况

截至 2011 年底，宁波市镇海区共有工业企业 2 906 家，实现工业总产值 2 404.2 亿元，其中规模以上工业企业 544 家，实现工业总产值 2 322.5 亿元，占全区工业总产值的 96.6%。全区形成"3＋5"产业发展导向，即三大传统产业和五大新兴产业。三大传统产业是石油化工产业、装备制造业和服装纺织业，其中 2011 年规模以上企业实现产值 2 003.8 亿元，占全区工业总产值的 83.3%。五大新兴产业包括新材料业、新能源业、节能环保业、生物医药业、信息技术业，其中 2011 年累计完成工业总产值 186.0 亿元，占区属工业总量的 7.7%。在能耗方面，石油加工及炼焦业，电力热力的生产和供应业，化学原料及化学制品制造业三大行业消耗了全区工业企业能源消费总量的 90% 以上。

从 2012 年 3 月中旬到 2012 年 5 月中旬,我们依托"宁波市镇海区'十二五'节能减排规划"项目对宁波市镇海区 544 家规模以上及 30 余家高污染高能耗企业进行了问卷调查,发放问卷 500 份,最后回收问卷 400 份,剔除信息大量缺失和填报存在重大错误的问卷 104 份,剩下有效问卷 296 份。问卷主要在宁波市镇海区经信局企业产能和设备信息会议现场发放。经镇海区经信委要求,各企业与会代表为企业能管员或者企业副总及以上行政职务者,一定程度上保证了问卷填报信息的质量。

(2)量表设计

问卷由三部分组成,第一部分是企业基本信息,包括企业所处行业、所有制形式、用工规模、主要能源来源、"十一五"期间节能减排环保资金投入额。第二部分是企业碳减排行为测量,包括 14 个题项,依据被调研企业的实际情况制订。第三部分是企业对环境政策的感知测量,包括 20 个题项。环境政策的题项均为笔者从中国国家环境保护部网站上搜集整理而成,涵盖了目前国内主流的环境政策,具体可以参见表 8-7 和表 8-8 及附录。由于问卷填报人均对企业的用能及排污等情况有较为清楚全面的认知,我们认为其观点与态度能代表其企业单位。

表 8-7 被调查企业基本信息的描述性统计

		频数	百分比(%)
行业	石油化工	38	12.8
	装备制造	73	24.7
	塑胶	12	4.1
	服装纺织	17	5.7
	有色金属	29	9.8
	其他	127	42.9
所有制	国有企业	11	3.7
	民营企业	203	68.6
	外商及港澳投资	70	23.6
	其他	12	4.1

续 表

		频数	百分比(%)
用工规模	小于50人	24	8.1
	50～200人	178	60.1
	大于200人	94	31.8
主要能源来源	电力	234	79.1
	油气	24	8.1
	煤炭	11	3.7
	其他	27	9.1
"十一五"期间节能减排环保资金投入额	小于50万元	108	36.5
	50万～500万元	148	50.0
	大于500万元	40	13.5

表8-8 区域环境政策和企业碳减排行为

	区域环境政策	企业碳减排行为
1	政府排放标准和能耗标准	提升管理水平
2	政府经济补贴	弥补管理漏洞
3	政府税收优惠	优化产品结构
4	政府环保技术扶持	使用清洁能源代替电力
5	明确企业间减排分工	投资环保产品
6	污染物总量控制	购买环保专利技术
7	污染物浓度控制	建立企业环保文化
8	环境行政督察	降低产量
9	排污许可惩罚	投资研发环保设备
10	环保企业信贷支持	投资购置环保设备
11	完善市场准入机制	采用先进的生产工艺
12	环保企业信息披露	达不到减排目标时限制产量
13	建立企业环保绩效数据库	依靠节能手段
14	建立企业环保绩效评价指标	建立企业内部排污权交易制度
15	区域排污许可交易	

续　表

	区域环境政策	企业碳减排行为
16	建立强制减排交易市场	
17	完善绿色信贷制度	
18	实行绿色水电价	
19	环保考评不合格信贷惩罚	
20	实行差别利率	

8.4.2　问卷信度分析与因子分析

（1）问卷整体信度分析

对区域环境政策感知和企业碳减排行为共计 34 项进行的信度分析结果具体见表 8-9。

表 8-9　问卷整体信度分析

Cronbach's Alpha	N of Items
0.877	34

从表 8-9 可以看出，问卷整体基于标准化项的 Cronbach's Alpha 值为 0.877，故认为问卷具有较好的信度。

（2）企业碳减排行为的因子分析

一般来看，企业碳减排问题可以通过企业内部自主解决或者借助企业外部力量予以解决。内部解决机制主要通过自主创新环保技术、加强管理、流程优化、用能结构优化等途径实现；而外部解决机制则可以通过技术研发合作、供应链优化、将高碳业务外包或者直接购买碳信用等方式实现。在本章，主要关注企业内部自主碳减排行为。

从表 8-10 可以看出，均值最低的三项是"降低产量""使用清洁能源代替电力""达不到减排目标时限制产量"，均值最高的三项是"采用先进的生产工艺""提升管理水平""建立企业环保文化"三项。这说明企业对加强管理、改进生产工艺等减排行为具有较高的认同度，而对降低产品产量这种杀鸡取卵的减排方式不太认可。另外，企业对短期内使用清洁能源代替电力的认同度也很低，究其原因，很大程度上是受我国资源禀赋的影响,在短期内无法做出调整;同时大型生产仪器设备往往使用生命周期较长,由此带来的转换成本过高也是企业在短期内不愿意调整用能结构的重要影响因素。在此基础上,对企业碳减排行为量表进行信度、效度和因子分析,如表8-11所示。

表8-10 企业碳减排行为的描述性统计

	N	最小值	最大值	均值	标准差
提升管理水平	296	1	7	5.54	1.319
弥补管理漏洞	294	1	7	4.83	1.544
优化产品结构	290	1	7	5.04	1.545
使用清洁能源代替电力	294	1	7	3.09	1.522
投资环保产品	296	1	7	5.45	1.340
购买环保专利技术	296	1	7	4.80	1.419
建立企业环保文化	296	1	7	5.47	1.286
降低产量	296	1	7	2.78	1.530
投资研发环保设备	296	1	7	5.10	1.408
投资购置环保设备	296	1	7	5.20	1.365
采用先进的生产工艺	295	1	7	5.77	1.340
达不到减排目标时限制产量	293	1	7	3.60	1.624
依靠节能手段	296	1	7	4.58	1.597
建立企业内部排污权交易制度	294	1	7	5.09	1.409

表8-11 企业碳减排行为的信度检验

Cronbach's Alpha	N of Items	KMO	Sig
0.713	14	0.760	0.000

根据表8-11可知,量表的Cronbach's Alpha值为0.713,在可以接受的范围内,KMO值为0.760且显著水平Sig为0.000,适合进行因子分析。在此基础上,笔者对企业碳减排行为进行探索性因子分析。因子提取遵循以下原则:①变量共同度表中,因子信息提取值不得低于0.5;②如果某一题项在两个因子上的旋转后载荷都大于0.45,则删除该题项;③依据特征值大于1提取因子。据此对企业碳减排行为进行初步因子提

取,结果见表 8-12。

表 8-12　企业碳减排行为的变量共同度

	初始	提取
提升管理水平	1.000	0.609
弥补管理漏洞	1.000	0.519
优化产品结构	1.000	0.550
使用清洁能源代替电力	1.000	0.512
投资环保产品	1.000	0.575
购买环保专利技术	1.000	0.555
建立企业环保文化	1.000	0.505
降低产量	1.000	0.596
投资研发环保设备	1.000	0.596
投资购置环保设备	1.000	0.512
采用先进的生产工艺	1.000	0.499
达不到减排目标时限制产量	1.000	0.307
依靠节能手段	1.000	0.405
建立企业内部排污权交易制度	1.000	0.357
累积解释的方差	50.702%	

　　按照筛选条件,删除"达不到减排目标时限制产量""依靠节能手段"和"建立企业内部排污权交易制度"三项。由于"采用先进的生产工艺"的取值非常接近0.5,故对该题项暂时保留。再次进行因子分析,依据上述标准,剔除变量"建立企业环保文化"。最终的结果如表 8-13 所示。

表 8-13　企业碳减排行为的因子分析提取结果

	成分 1	成分 2	成分 3	成分 4
投资研发环保设备	0.818	0.067	0.011	0.098
投资购置环保设备	0.703	0.229	0.193	0.166
购买环保专利技术	0.570	−0.005	0.417	−0.230
投资环保产品	0.319	0.726	−0.073	−0.089
采用先进的生产工艺	0.197	0.678	0.212	−0.072

续　表

	成分1	成分2	成分3	成分4
优化产品结构	−0.207	0.625	0.197	0.185
弥补管理漏洞	0.099	0.039	0.848	0.087
提升管理水平	0.157	0.300	0.697	0.009
降低产量	−0.015	−0.040	−0.057	0.786
使用清洁能源代替电力	0.132	0.046	0.121	0.779
累积解释的方差	61.454%			

将第一个因子命名为环保技术投资与研发，包含"投资研发环保设备""投资购置环保设备"和"购买环保专利技术"三项；将第二个因子命名为产品创新策略，包含"投资环保产品""采用先进的生产工艺"和"优化产品结构"三项；将第三个因子命名为加强管理，包含"弥补管理漏洞"和"提升管理水平"两项；第四个因子包含"降低产量"和"使用清洁能源代替电力"，由于降低产量会直接造成企业营业收入的降低，而短期内使用清洁能源代替电力往往存在很高的转换成本，故将第四个因子命名为高减排成本行为。在此基础上，分别对因变量各维度进行效度分析，结果见表8-14。

表 8-14　企业碳减排行为的各维度信度分析结果

	环保技术投资与研发	产品创新策略	加强管理	高减排成本行为
Cronbach's Alpha	0.637	0.582	0.621	0.513
N of Items	3	3	2	2

根据表8-14，因变量的四个维度的信度均不高。由于前人鲜有全面地研究环境政策系统对企业减排行为的影响，学界尚没有成熟的量表，本章根据国内现实情况及前人研究设计的探索性量表存在缺陷，这影响了问卷数据质量，未来的研究还需要在此基础上进行进一步改善。以高减排成本行为为例，其信度水平最低。从企业减排的实际行为来看，降低产量和短期内使用清洁能源代替电力本应属于两种减排行为，但此方面的相关研究较少，缺乏足够的理论依据，造成其信度最差，但本章对该因子继续保留，以期未来可以尝试将这两个题项继续完善或者将两者进行独

立化分析。

(3)区域环境政策感知的因子分析

对区域环境政策感知的各项进行描述性统计分析的结果见表 8-15。

表 8-15　区域环境政策感知的描述性统计

	N	最小值	最大值	均值	标准差
政府排放标准和能耗标准	293	1	7	5.31	1.355
政府经济补贴	296	1	7	5.67	1.362
政府税收优惠	295	1	7	5.71	1.188
政府环保技术扶持	295	1	7	5.80	1.102
明确企业间减排分工	294	1	7	5.41	1.164
污染物总量控制	294	1	7	3.53	1.536
污染物浓度控制	296	1	7	3.44	1.517
环境行政督察	295	1	7	5.37	1.179
排污许可惩罚	296	1	7	4.83	1.652
环保企业信贷支持	296	1	7	5.58	1.117
完善市场准入机制	296	1	7	5.71	1.069
环保企业信息披露	296	1	7	5.41	1.232
建立企业环保绩效数据库	296	1	7	5.35	1.164
建立企业环保绩效评价指标	295	1	7	5.59	1.065
区域排污许可交易	295	1	7	5.32	1.198
建立强制减排交易市场	296	1	7	5.20	1.250
完善绿色信贷制度	296	1	7	5.52	1.114
实施绿色水电价	294	1	7	5.65	1.219
环保考评不合格信贷惩罚	292	1	7	5.13	1.476
实施差别利率	296	1	7	5.69	1.051

从表 8-15 可以看出,企业对区域环境政策感知的均值得分最低的三项分别是"污染物浓度控制""污染物总量控制"及"排污许可惩罚",这说明企业对早期的政府命令控制型环境政策存在抵制心理;对其他类型的环境政策都存在较高的认同度,均值均高于 5。在此基础上,我们对区域环境政策感知量表进行信度分析,结果见表 8-16。

表 8-16 区域环境政策感知的信度检验

Cronbach's Alpha	N of Items	KMO	Sig
0.872	20	0.881	0.000

依据表 8-16,区域环境政策感知量表的整体信度为 0.872,KMO 值为 0.881,且显著水平 Sig 值为 0.000,因此认为该部分问卷具有良好的信度,且适合进行因子分析。参照对企业碳减排行为因子提取的方法,对区域环境政策感知进行因子提取,最终结果如表 8-17 所示。

表 8-17 区域环境政策感知因子的提取结果

	成分 1	成分 2	成分 3	成分 4
建立企业环保绩效评价指标	0.813	0.090	−0.061	0.194
建立企业环保绩效数据库	0.775	−0.032	0.004	0.275
区域排污许可交易	0.770	0.244	−0.031	−0.015
完善绿色信贷制度	0.659	0.344	0.043	0.030
明确企业间减排分工	0.634	0.291	−0.087	0.147
政府税收优惠	0.172	0.834	−0.112	0.140
政府经济补贴	0.161	0.802	0.133	0.009
政府环保技术扶持	0.244	0.723	0.060	0.171
污染物浓度控制	−0.012	−0.035	0.876	−0.028
污染物总量控制	−0.065	0.095	0.848	0.022
排污许可惩罚	0.065	0.117	0.140	0.757
环境行政督察	0.172	0.034	−0.132	0.745
完善市场准入机制	0.354	0.307	−0.041	0.461
累积解释的方差	64.001%			

依据表 8-17 可知,因子分析提取的 4 个特征值大于 1 的成分共解释方差的 64.001%。其中,第一类成分包含"建立企业环保绩效评价指标""建立企业环保绩效数据库""区域排污许可交易""完善绿色信贷制度"和"明确企业间减排分工"5 项,"区域排污许可交易"和"绿色信贷制度"都是建立在企业环保绩效评价基础上的措施,且在国内还没有被广泛运用,故将其命名为基于减排分工考核的环境政策;第二类成分包含"政府税收

优惠""政府经济补贴"和"政府环保技术扶持"3项,将其命名为政府激励
扶持政策;第三类成分包含"污染物浓度控制"和"污染物总量控制"2项,
命名其为政府减排标准;第四类包含"排污许可惩罚""环境行政督察"和
"完善市场准入机制"3项,将其命名为政府监督惩罚。在此基础上,我们
对区域环境政策各因子进行信度分析,得结果如表8-18所示。

表 8-18　区域环境政策感知的各维度信度分析结果

	基于减排分工考核的环境政策	政府激励扶持政策	政府减排标准	政府监督惩罚
Cronbach's Alpha	0.822	0.765	0.679	0.566
N of Items	5	3	2	3

由表8-18可以看出,"基于减排分工考核的环境政策"和"政府激励
扶持政策"两类因子具有较好的信度,政府监督惩罚的信度较低。这可能
是量表设计不成熟、问卷数据质量存在问题等因素造成的,但总体来讲,
区域环境政策的各项因子信度水平在可以接受的范围之内,将来的研究
需要对此进行进一步完善。

8.4.3　相关分析

(1)区域环境政策感知与企业碳减排行为的相关分析

我们对区域环境政策感知与各项企业碳减排行为进行相关分析,结
果见表8-19。

从表8-19可以看出,较之于政府环境规制惩罚型和政府经济技术扶持
型区域政策,基于碳减排分工考核的环境政策对企业碳减排行为的正向促进
作用更明显。其中,"政府税收优惠"与"使用清洁能源"两项之间存在显著性
负相关关系,以国内能源价格改革来说,市场价格机制并没有对能源的稀缺
性做出充分的反应,国家对部分行业的用能补贴及税收优惠加剧了能源消费
程度,加之大范围调整能源结构需要较高的转换成本,企业缺乏优化用能结
构的热情。"政府税收优惠"与"降低产量"这一碳减排的现实手段之间存在
显著性负相关关系。在此基础上,对区域环境政策感知的四个维度和企业碳
减排行为的四个维度进行相关分析,得表8-20。

表8-19 区域环境政策感知与企业碳减排行为各项之间的相关系数

	提升管理水平	弥补管理漏洞	优化产品结构	使用清洁能源代替电力	投资环保产品	购买环保专利技术	投资购置环保设备	降低产量	投资研发环保设备	采用先进的生产工艺
污染物总量控制	-0.017	-0.007	0.119*	0.095	-0.032	0.052	-0.006	0.157**	0.014	-0.112
污染物浓度控制	0.082	-0.003	0.066	0.208**	-0.041	-0.088	0.050	0.275**	0.130*	-0.041
环境行政督察	0.130*	0.006	0.201**	0.047	0.195**	0.180**	0.230**	0.006	0.118*	0.152**
排污许可惩罚	0.049	0.003	0.205**	-0.009	0.054	0.147*	0.107	0.096	0.133*	0.063
完善市场准入机制	0.178**	0.086	0.145*	-0.088	0.277**	0.246**	0.210**	-0.090	0.148**	0.240**
政府经济补贴	0.108	0.033	0.077	-0.017	0.286**	0.157**	0.101	-0.016	0.222**	0.156**
政府税收优惠	0.059	-0.032	0.079	-0.125*	0.248**	0.304**	0.148*	-0.115*	0.190**	0.172**
政府环保技术扶持	0.093	0.076	0.171**	0.015	0.276**	0.254**	0.148*	-0.126*	0.279**	0.235**
建立企业环保绩效数据库	0.255**	0.208**	0.080	0.106	0.179**	0.316**	0.255**	-0.088	0.330**	0.332**
建立企业环保绩效评价指标	0.287**	0.201**	0.084	0.072	0.245**	0.424**	0.297**	-0.107	0.349**	0.269**
区域排污许可交易	0.322**	0.186**	0.114	0.050	0.197**	0.292**	0.294**	-0.016	0.233**	0.226**
完善绿色信贷制度	0.186**	0.117*	0.098	0.093	0.238**	0.343**	0.229**	0.023	0.292**	0.177**
明确企业间减排分工	0.202**	0.055	0.108	0.018	0.300**	0.207**	0.248**	-0.029	0.295**	0.218**

注：*代表在0.05水平上显著，**代表在0.01水平上显著，下文均同此。

表 8-20 　区域环境政策感知与企业碳减排行为各项之间的相关分析

	基于减排分工考核的环境政策	政府激励扶持政策	政府减排标准	政府监督惩罚
环保技术投资与研发	0.514**	0.317**	0.039	0.307**
产品创新策略	0.347**	0.315**	−0.006	0.338**
加强管理	0.305**	0.078	0.016	0.122*
高减排成本行为	0.018	−0.100	0.261**	−0.019

由表 8-20 可以看出,基于减排分工考核的环境政策、政府监督惩罚对促进企业采用环保技术投资与研发、产品创新策略及加强管理这些碳减排行为具有显著的正向作用,这说明在政府环境规制和基于减排分工考核的双重政策倒逼机制下,企业采取碳减排行为的意向更明显。政府经济技术扶持的促进作用则相对较弱,而政府减排标准只与高减排成本行为之间存在显著性正相关关系。

（2）行业等控制变量的分析

为探索各控制变量对企业碳减排行为的影响,我们对各控制变量与企业碳减排行为进行相关分析,结果见表 8-21。

表 8-21 　各控制变量与企业碳减排行为的相关分析

	加强管理	产品创新策略	环保技术投资与研发	高减排成本行为
用工规模	0.125*	0.134*	0.080	0.010
行业	0.008	−0.005	0.045	0.180**
所有制	0.102	0.068	0.063	0.105
主要能源来源	0.002	−0.124*	−0.045	0.091
环保投入①	0.032	0.164**	0.109	−0.145*

由表 8-21 可以看出,加强管理与用工规模之间存在显著性正相关关系,即用工规模越大的企业越注重加强管理以实现减排目标。产品创新策略与用工规模、环保投入之间存在显著性正相关关系,表明用工规模大、环保投入多的企业更倾向于产品创新。产品创新策略与主要能源来

---

①　本章的环保投入为前文所述的"十一五"期间节能减排环保资金投入额。

源之间存在显著性负相关关系,高减排成本行为与行业之间存在显著性正相关关系。进一步对用工规模、行业、主要能源来源及环保投入做单因素方差分析。为了节省篇幅,此处只列出单因素方差分析存在显著差异的项目,具体结果汇总见表8-22。

表 8-22　各控制变量的单因素方差分析(仅列显著项)

	组别	均值	标准差	F
行业 (高减排成本行为)	石油化工	−0.373 2	0.654 29	2.622*
	装备制造	−0.080 3	0.654 43	
	塑胶	0.068 4	0.921 24	
	服装纺织	0.136 8	0.849 64	
	有色金属	−0.027 0	0.739 88	
	其他	0.124 6	0.873 94	
环保投入 (产品创新策略)	小于 50 万元	5.246 9	0.990 47	4.035*
	50 万~500 万元	5.450 7	1.004 48	
	大于 500 万元	5.752 1	0.801 02	

8.4.4　假设检验

根据本章因子分析与相关分析,可以将本章的研究假设进一步优化为:

H1:企业对基于减排分工考核的环境政策的感知与企业采取加强管理的碳减排行为意愿之间存在正相关关系。

H2:企业对政府激励扶持政策的感知与企业采取产品创新策略的碳减排行为意愿之间存在正相关关系。

H3:企业对政府减排标准的感知和企业采取环保技术投资与研发的碳减排行为意愿之间存在正相关关系。

H4:企业对政府监督惩罚的感知与企业采取高减排成本行为意愿之间存在正相关关系。

(1)区域环境政策感知对企业碳减排行为的影响

区域环境政策感知对企业采取加强管理的影响,见表 8-23、表 8-24和表 8-25。

表 8-23　区域环境政策感知对企业加强管理的回归模型拟合

模型 1	R	R²	修正 R²	估计的标准误	Durbin-Watson
	0.368	0.136	0.108	0.791 97	1.940

表 8-24　区域环境政策感知对企业加强管理的回归模型的方差分析

模型 1		平方和	df	均方	F	Sig
	回归	27.189	9	3.021	4.817	0.000
	残差	173.111	276	0.627		
	总计	200.299	285			

表 8-25　区域环境政策感知对企业加强管理的回归模型的各方程系数

模型 1	B 偏回归系数	标准差	Beta 系数	T	Sig
常量	−0.612	0.314		−1.952	0.02
行业	−0.019	0.025	−0.047	−0.783	0.434
所有制	0.158	0.079	0.114	2.011	0.045
用工规模	0.224	0.090	0.157	2.499	0.013
主要能源来源	0.027	0.052	0.030	0.517	0.605
环保投入	−0.118	0.082	−0.094	−1.436	0.152
减排分工考核	0.416	0.075	0.378	5.558	0.000
政府激励扶持政策	−0.066	0.066	−0.066	−0.999	0.319
政府减排标准	0.036	0.055	0.038	0.658	0.511
政府监督惩罚	−0.053	0.077	−0.045	−0.691	0.490

该回归模型中的因变量为加强管理的减排行为。表 8-23 的回归模型拟合结果显示修正 R² 为 0.108,表明该回归模型能解释 10.8% 的方差变异。表 8-24 方差分析的结果表明,当行业、所有制、用工规模、主要能源来源、环保投入、基于减排分工考核的环境政策、政府激励扶持政策、政府减排标准、政府监督惩罚这些不同的自变量包含在回归方程中时,其显著性概率为 0.000,拒绝总体回归系数为 0 的原假设。表 8-25 的回归结果分析表明,基于减排分工考核的环境政策通过了显著性检验,且基于减

排分工考核的环境政策和企业采取加强管理的减排行为之间存在显著正相关关系。政府激励扶持政策、政府减排标准、政府监督惩罚没有通过显著性检验。

区域环境政策感知对企业采取产品创新策略的影响,见表 8-26、表8-27和表 8-28。

表 8-26　区域环境政策感知对企业产品创新策略的回归模型拟合

模型 1	R	R²	修正 R²	估计的标准误	Durbin-Watson
	0.447	0.200	0.173	0.899 07	1.811

表 8-27　区域环境政策感知对企业产品创新策略的回归模型的方差分析

模型 1		平方和	df	均方	F	Sig
	回归	54.873	9	6.097	7.543	0.000
	残差	219.863	272	0.808		
	总计	274.736	281			

表 8-28　区域环境政策感知对企业产品创新策略的回归模型的各方程系数

模型 1	B 偏回归系数	标准差	Beta 系数	T	Sig
常量	4.982	0.360		10.827	0.000
行业	−0.012	0.028	−0.023	−0.406	0.685
所有制	0.081	0.089	0.050	0.905	0.366
用工规模	0.138	0.104	0.081	1.327	0.186
主要能源来源	−0.070	0.060	−0.065	−1.157	0.248
环保投入	0.052	0.093	0.035	0.559	0.577
减排分工考核	0.244	0.085	0.189	2.857	0.005
政府激励扶持政策	0.180	0.075	0.153	2.388	0.018
政府减排标准	0.017	0.062	0.015	0.274	0.785
政府监督惩罚	0.234	0.087	0.172	2.705	0.007

该回归模型中的因变量为企业采取产品创新策略的减排行为。表 8-26 的回归方程拟合结果显示修正 R^2 为 0.173,表明该回归模型能解释 17.3% 的方差变异。表 8-27 方差分析的结果表明,当行业、所有制、用工规模、主要能源来源、环保投入、基于减排分工考核的环境政策、政府激励扶持政策、政府减排标准、政府监督惩罚这些不同的自变量包含在回归模型中时,其显著性概率为 0.000,拒绝总体回归系数为 0 的原假设。表 8-28 的回归结果分析表明,基于减排分工考核的环境政策、政府激励扶持政策、政府监督惩罚通过了显著性检验,表明三者和企业采取产品创新策略的减排行为之间存在显著正相关关系,政府减排标准没有通过显著性检验。

区域环境政策感知对企业采取环保技术投资与研发行为的影响,见表 8-29、表 8-30 和表 8-31。

表 8-29　区域环境政策感知对企业环保技术投资与研发的回归模型拟合

模型 1	R	R^2	修正 R^2	估计的标准误	Durbin-Watson
	0.541	0.293	0.270	0.880 97	1.792

表 8-30　区域环境政策感知对企业环保技术投资与研发的回归模型的方差分析

模型 1		平方和	df	均方	F	Sig
	回归	89.227	9	9.914	12.774	0.000
	残差	215.759	278	0.776		
	总计	304.986	287			

表 8-31　区域环境政策感知对企业环保技术投资与研发的回归模型的各方程系数

模型 1	B 偏回归系数	标准差	Beta 系数	T	Sig
常量	4.833	0.349		13.850	0.000
行业	0.008	0.028	0.016	0.292	0.771
所有制	0.086	0.087	0.051	0.989	0.324
用工规模	0.114	0.099	0.065	1.145	0.253
主要能源来源	0.001	0.058	0.001	0.014	0.989
环保投入	−0.032	0.091	−0.021	−0.357	0.721
减排分工考核	0.630	0.083	0.466	7.575	0.000

续　表

模型1	B偏回归系数	标准差	Beta系数	T	Sig
政府激励扶持政策	0.103	0.073	0.084	1.411	0.159
政府减排标准	0.082	0.061	0.069	1.346	0.179
政府监督惩罚	0.065	0.084	0.046	0.773	0.440

该回归模型中的因变量为环保技术投资与研发的减排行为。表8-29的回归模型拟合结果显示修正 R^2 为0.270,表明该回归模型能解释27.0%的方差变异。表8-30的结果表明,当行业、所有制、用工规模、主要能源来源、环保投入、基于减排分工考核的环境政策、政府激励扶持政策、政府减排标准、政府监督惩罚这些自变量包含在回归方程中时,其显著性概率为0.000,拒绝总体回归系数为0的原假设。表8-31的回归结果分析表明,基于减排分工考核的环境政策通过了显著性检验,且基于减排分工考核的环境政策和企业采取环保技术投资与研发减排行为之间存在显著正相关关系。政府激励扶持政策、政府减排标准、政府监督惩罚没有通过显著性检验。

区域环境政策感知对企业采取高减排成本行为的影响,见表8-32、表8-33和表8-34。

表8-32　区域环境政策感知对企业高减排成本行为的回归模型拟合

模型1	R	R^2	修正 R^2	估计的标准误	Durbin-Watson
	0.372	0.138	0.110	0.753 45	2.020

表8-33　区域环境政策感知对企业高减排成本行为的回归模型的方差分析

模型1		平方和	df	均方	F	Sig
	回归	25.186	9	2.798	4.930	0.000
	残差	156.683	276	0.568		
	总计	181.870	285			

表 8-34　区域环境政策感知对企业高减排成本行为的回归模型的各方程系数

模型 1	B 偏回归系数	标准差	Beta 系数	T	Sig
常量	−0.719	0.301		−2.393	0.017
行业	0.064	0.024	0.160	2.695	0.007
所有制	0.128	0.075	0.097	1.710	0.088
用工规模	0.103	0.085	0.075	1.205	0.229
主要能源来源	0.039	0.049	0.046	0.791	0.430
环保投入	−0.074	0.078	−0.061	−0.947	0.345
减排分工考核	0.133	0.071	0.127	1.872	0.062
政府激励扶持政策	−0.140	0.063	−0.146	−0.235	0.026
政府减排标准	0.234	0.052	0.257	4.496	0.000
政府监督惩罚	−0.055	0.072	−0.050	−0.763	0.446

　　该回归模型中的因变量为企业采取高减排成本的行为。表 8-32 的回归模型拟合结果显示修正 R^2 为 0.110,表明该回归模型能解释 11.0% 的方差变异。表 8-33 方差分析的结果表明,当行业、所有制、用工规模、主要能源来源、环保投入、基于减排分工考核的环境政策、政府激励扶持政策、政府减排标准、政府监督惩罚这些不同的自变量包含在回归方程中时,其显著水平 Sig 为 0.000,拒绝总体回归系数为 0 的原假设。表 8-34 的回归结果分析表明,政府激励扶持和政府减排标准通过了显著性检验,其中政府激励扶持政策与企业采取高减排成本行为之间存在显著负相关关系,政府减排标准与企业采取高减排成本行为之间存在显著正相关关系。基于减排分工考核的环境政策和政府监督惩罚没有通过显著性检验。

　　为了进一步分析得到支持的各项假设,笔者对得到支持的各项假设的内部子项与相应的减排行为做了进一步回归分析。

　　(2)区域环境政策感知各子项的分析

　　下述分析只列出存在显著差异的项目。

　　基于减排分工考核的环境政策的各维度对加强管理的影响,见表 8-35、表 8-36 和表 8-37。

表 8-35　基于减排分工考核的环境政策对加强管理的回归模型拟合

模型 1	R	R²	修正 R²	估计的标准误	Durbin-Watson
	0.391	0.153	0.123	0.784 88	1.886

表 8-36　基于减排分工考核的环境政策对加强管理的回归模型的方差分析

模型 1		平方和	df	均方	F	Sig
	回归	31.086	10	3.109	5.046	0.000
	残差	171.874	279	0.616		
	总计	202.959	289			

表 8-37　基于减排分工考核的环境政策对加强管理的回归模型的各方程系数

模型 1	B 偏回归系数	标准差	Beta 系数	T	Sig
常量	−0.627	0.309		−2.029	0.043
行业	−0.015	0.025	−0.036	−0.622	0.535
所有制	0.147	0.078	0.106	1.898	0.059
用工规模	0.218	0.088	0.152	2.478	0.014
主要能源来源	0.036	0.051	0.040	0.696	0.487
环保投入	−0.103	0.079	−0.082	−1.298	0.195
建立企业环保绩效数据库	0.077	0.062	0.091	1.236	0.217
建立企业环保绩效评价指标	0.131	0.066	0.156	1.980	0.049
区域排污许可交易	0.193	0.061	0.231	3.150	0.002
完善绿色信贷制度	−0.022	0.057	−0.026	−0.379	0.705
明确企业间减排分工	−0.052	0.058	−0.062	−0.907	0.365

该回归模型中的因变量为企业采取加强管理的减排行为。表 8-35 的回归模型拟合结果显示修正 R^2 为 0.123，表明该回归模型能解释 12.3% 的方差变异。表 8-36 方差分析的结果表明，当行业、所有制、用工

规模、主要能源来源、环保投入、建立企业环保绩效数据库、建立企业环保绩效评价指标、区域排污许可交易、完善绿色信贷制度、明确企业间减排分工这些不同的自变量包含在回归方程中时,其显著水平 Sig 为 0.000,拒绝总体回归系数为 0 的原假设。表 8-37 的回归结果分析表明,建立企业环保绩效评价指标和区域排污许可交易通过了显著性检验,建立企业环保绩效数据库、完善绿色信贷制度和明确企业减排分工没有通过显著性检验。

基于减排分工考核的环境政策的各维度对产品创新策略的影响,见表8-38、表 8-39 和表 8-40。

表 8-38　基于减排分工考核的环境政策对产品创新策略的回归模型拟合

模型 1	R	R²	修正 R²	估计的标准误	Durbin-Watson
	0.395	0.156	0.125	0.921 52	1.853

表 8-39　基于减排分工考核的环境政策对产品创新策略的回归模型的方差分析

模型 1		平方和	df	均方	F	Sig
	回归	42.964	10	4.296	5.059	0.000
	残差	232.681	274	0.849		
	总计	275.645	284			

表 8-40　基于减排分工考核的环境政策对产品创新策略的回归模型的各方程系数

模型 1	B 偏回归系数	标准差	Beta 系数	T	Sig
常量	4.672	0.367		12.724	0.000
行业	0.008	0.029	0.017	0.281	0.779
所有制	0.129	0.091	0.079	1.411	0.159
用工规模	0.161	0.105	0.095	1.532	0.127
主要能源来源	−0.085	0.061	−0.080	−1.387	0.167
环保投入	0.099	0.093	0.068	1.057	0.292
建立企业环保绩效数据库	0.059	0.073	0.059	0.808	0.420

续　表

模型1	B偏回归系数	标准差	Beta系数	T	Sig
建立企业环保绩效评价指标	0.082	0.078	0.083	1.055	0.292
区域排污许可交易	0.057	0.073	0.058	0.772	0.441
完善绿色信贷制度	0.052	0.069	0.052	0.752	0.453
明确企业间减排分工	0.178	0.069	0.177	2.584	0.010

该回归模型中的因变量为企业采取产品创新策略的减排行为。表8-38的回归模型拟合结果显示修正 R^2 为0.125,表明该回归模型能解释12.5%的方差变异。表8-39方差分析的结果表明,当行业、所有制、用工规模、主要能源来源、环保投入、建立企业环保绩效数据库、建立企业环保绩效评价指标、区域排污许可交易、完善绿色信贷制度、明确企业间减排分工这些不同的自变量包含在回归方程中时,其显著水平Sig为0.000,拒绝总体回归系数为0的原假设。表8-40的回归结果分析表明,明确企业间减排分工通过了显著性检验,建立企业环保绩效评价指标、区域排污许可交易、建立企业环保绩效数据库、完善绿色信贷制度没有通过显著性检验。

基于减排分工考核的环境政策的各维度对环保技术投资与研发的影响,见表8-41、表8-42和表8-43。

表8-41　基于减排分工考核的环境政策对环保技术投资与研发的回归模型拟合

模型1	R	R^2	修正 R^2	估计的标准误	Durbin-Watson
	0.533	0.284	0.259	0.886 58	1.876

表8-42　基于减排分工考核的环境政策对环保技术投资与研发的回归模型的方差分析

模型1		平方和	df	均方	F	Sig
	回归	87.727	10	8.773	11.161	0.000
	残差	220.874	281	0.786		
	总计	308.601	291			

表 8-43　基于减排分工考核的环境政策对环保技术投资与研发的回归模型的各方程系数

模型 1	B 偏回归系数	标准差	Beta 系数	T	Sig
常量	4.775	0.349		13.65	0.000
行业	0.015	0.028	0.029	0.546	0.586
所有制	0.097	0.088	0.056	1.103	0.271
用工规模	0.112	0.099	0.064	1.136	0.257
主要能源来源	−0.027	0.058	−0.024	−0.466	0.642
环保投入	−0.005	0.089	−0.003	−0.059	0.953
建立企业环保绩效数据库	0.078	0.070	0.075	1.117	0.265
建立企业环保绩效评价指标	0.275	0.074	0.268	3.702	0.000
区域排污许可交易	0.055	0.069	0.054	0.799	0.425
完善绿色信贷制度	0.183	0.065	0.175	2.819	0.005
明确企业间减排分工	0.092	0.065	0.088	1.415	0.158

　　该回归模型中的因变量为企业采取环保技术投资与研发的减排行为。表 8-41 的回归模型拟合结果显示修正 R^2 为 0.259,表明该回归模型能解释 25.9% 的方差变异。表 8-42 方差分析的结果表明,当行业、所有制、用工规模、主要能源来源、环保投入、建立企业环保绩效数据库、建立企业环保绩效评价指标、区域排污许可交易、完善绿色信贷制度、明确企业间减排分工这些不同的自变量包含在回归方程中时,其显著水平 Sig 为 0.000,拒绝总体回归系数为 0 的原假设。表 8-43 的回归结果分析表明,建立企业环保绩效评价指标、完善绿色信贷制度通过了显著性检验,明确企业间减排分工、区域排污许可交易、建立企业环保绩效数据库没有通过显著性检验。

　　政府激励扶持政策的各维度对企业产品创新策略的影响,见表 8-44、表 8-45 和表 8-46。

表 8-44　政府激励扶持政策对企业产品创新策略的回归模型拟合

模型 1	R	R²	修正 R²	估计的标准误	Durbin-Watson
	0.380	0.145	0.120	0.926 82	1.813

表 8-45　政府激励扶持政策对企业产品创新策略的回归模型的方差分析

模型 1		平方和	df	均方	F	Sig
	回归	40.416	8	5.052	5.881	0.000
	残差	238.798	278	0.859		
	总计	279.214	286			

表 8-46　政府激励扶持政策对企业产品创新策略的回归模型的各方程系数

模型 1	B 偏回归系数	标准差	Beta 系数	T	Sig
常量	4.682	0.359		13.060	0.000
行业	0.009	0.029	0.018	0.301	0.763
所有制	0.081	0.092	0.050	0.879	0.380
用工规模	0.191	0.105	0.113	1.825	0.069
主要能源来源	−0.069	0.061	−0.065	−1.127	0.261
环保投入	0.106	0.095	0.073	1.125	0.262
政府经济补贴	0.121	0.066	0.124	1.836	0.067
政府税收优惠	−0.008	0.075	−0.009	−0.113	0.910
政府环保技术扶持	0.245	0.070	0.249	3.515	0.001

　　该回归模型中的因变量为企业采取产品创新策略的减排行为。表 8-44 的回归模型拟合结果显示修正 R² 为 0.120,表明该回归模型能解释 12.0% 的方差变异。表 8-45 方差分析的结果表明,当行业、所有制、用工规模、主要能源来源、环保投入、政府经济补贴、政府税收优惠、政府环保技术扶持这些不同的自变量包含在回归方程中时,其显著水平 Sig 为 0.000,拒绝总体回归系数为 0 的原假设。表 8-46 的回归结果分析表明,政府环保技术扶持通过了显著性检验,政府经济补贴、政府税收优惠没有通过显著性检验。

政府激励扶持政策的各维度对企业高减排成本行为的影响,见表 8-47、表 8-48和表 8-49。

表 8-47　政府激励扶持政策对企业高减排成本行为的回归模型拟合

模型 1	R	R²	修正 R²	估计的标准误	Durbin-Watson
	0.275	0.076	0.050	0.778 46	1.949

表 8-48　政府激励扶持政策对企业高减排成本行为的回归模型的方差分析

模型 1		平方和	df	均方	F	Sig
	回归	14.040	8	1.755	2.896	0.004
	残差	171.497	283	0.606		
	总计	185.537	291			

表 8-49　政府激励扶持政策对企业高减排成本行为的回归模型的各方程系数

模型 1	B 偏回归系数	标准差	Beta 系数	T	Sig
常量	−0.566	0.300		−1.889	0.060
行业	0.054	0.024	0.135	2.240	0.026
所有制	0.125	0.077	0.094	1.616	0.107
用工规模	0.083	0.086	0.061	0.962	0.337
主要能源来源	0.049	0.050	0.058	0.978	0.329
环保投入	−0.111	0.079	−0.093	−1.407	0.161
政府经济补贴	0.056	0.055	0.070	1.004	0.316
政府税收优惠	−0.127	0.063	−0.158	−2.003	0.046
政府环保技术扶持	0.001	0.059	0.001	0.018	0.985

该回归模型中的因变量为企业高减排成本的行为。表 8-47的回归模型拟合结果显示修正 R² 为 0.050,表明该回归模型能解释 5.0% 的方差变异。表 8-48方差分析的结果表明,当行业、所有制、用工规模、主要能源来源、环保投入、政府经济补贴、政府税收优惠、政府环保技术扶持这些不同的自变量包含在回归方程中时,其显著水平 Sig 为 0.004,拒绝总体回归系数为 0 的原假设。表 8-49的回归结果分析表明,政府税收优惠通过了显著性检验,政府经济补贴和政府环保技术扶持没有通过显著性

检验。

政府监督惩罚的各维度对企业产品创新策略的影响,见表 8-50、表 8-51和表 8-52。

表 8-50　政府监督惩罚对企业产品创新策略的回归模型拟合

模型 1	R	R^2	修正 R^2	估计的标准误	Durbin-Watson
	0.386	0.149	0.125	0.922 03	1.766

表 8-51　政府监督惩罚对企业产品创新策略的回归模型的方差分析

模型 1		平方和	df	均方	F	Sig
	回归	41.532	8	5.191	6.107	0.000
	残差	237.190	279	0.850		
	总计	278.722	287			

表 8-52　政府监督惩罚对企业产品创新策略的回归模型的各方程系数

模型 1	B 偏回归系数	标准差	Beta 系数	T	Sig
常量	5.013	0.364		13.782	0.000
行业	−0.009	0.029	−0.018	−0.298	0.766
所有制	0.065	0.091	0.040	0.713	0.477
用工规模	0.086	0.104	0.051	0.830	0.407
主要能源来源	−0.075	0.061	−0.071	−1.222	0.223
环保投入	0.116	0.093	0.079	1.255	0.210
环境行政督察	0.179	0.059	0.182	3.049	0.003
排污许可惩罚	0.051	0.058	0.052	0.886	0.376
完善市场准入机制	0.198	0.060	0.202	3.326	0.001

该回归模型中的因变量为企业采取产品创新策略的减排行为。表 8-50的回归模型拟合结果显示修正 R^2 为 0.125,表明该回归模型能解释 12.5% 的方差变异。表 8-51方差分析的结果表明,当行业、所有制、用工规模、主要能源来源、环保投入、环境行政督察、排污许可惩罚、完善市场准入机制这些不同的自变量包含在回归方程中时,其显著水平 Sig 为 0.000,拒绝总体回归系数为 0 的原假设。表 8-52 的回归结果分析表明,

环境行政督察和完善市场准入机制通过了显著性检验,排污许可惩罚没有通过显著性检验。

政府减排标准的各维度对企业高减排成本行为的影响,见表 8-53、表 8-54 和表 8-55。

表 8-53　政府减排标准对企业高减排成本行为的回归模型拟合

模型 1	R	R^2	修正 R^2	估计的标准误	Durbin-Watson
	0.362	0.131	0.109	0.749 86	2.035

表 8-54　政府减排标准对企业高减排成本行为的回归模型的方差分析

模型 1		平方和	df	均方	F	Sig
	回归	24.045	7	3.435	6.109	0.000
	残差	159.692	284	0.562		
	总计	183.737	291			

表 8-55　政府减排标准对企业高减排成本行为的回归模型的各方程系数

模型 1	B 偏回归系数	标准差	Beta 系数	T	Sig
常量	−0.584	0.289		−2.020	0.044
行业	0.055	0.023	0.138	2.375	0.018
所有制	0.097	0.074	0.074	1.317	0.189
用工规模	0.105	0.083	0.077	1.265	0.207
主要能源来源	0.039	0.049	0.045	0.795	0.427
环保投入	−0.087	0.075	−0.073	−1.160	0.247
污染物总量控制	0.008	0.051	0.010	0.151	0.880
污染物浓度控制	0.219	0.052	0.276	4.191	0.000

该回归模型中的因变量为企业高减排成本的行为。表 8-53 的回归模型拟合结果显示修正 R^2 为 0.109,表明该回归模型能解释 10.9% 的方差变异。表 8-54 方差分析的结果表明,当行业、所有制、用工规模、主要能源来源、环保投入、污染物总量控制、污染物浓度控制这些不同的自变量包含在回归方程中时,其显著水平 Sig 为 0.000,拒绝总体回归系数为 0 的原假设。表 8-55 的回归结果分析表明,污染物浓度控制通过了显著

性检验,污染物总量控制没有通过显著性检验。

依据上述分析可知,企业对不同类型环境政策的感知差异对其碳减排行为存在不同影响。其中,基于减排分工考核的环境政策可以显著促进企业采取加强管理、产品创新策略、环保技术研发与投资这些减排行为;政府激励扶持政策可以显著促进企业采取产品创新和高减排成本这些减排行为;政府监督惩罚能显著促进企业采取产品创新这一减排行为;政府减排标准可以显著促进企业采取高减排成本行为。由此可以看出,基于减排分工考核的环境政策是最行之有效的政策,对企业采取积极的减排行为具有显著的促进作用,是我国下一步环境政策优化的方向。政府激励扶持政策对企业减排行为的促进作用次之,而政府监督惩罚和政府减排标准的作用则相对更弱。

由此可见,企业对政府命令控制型环境政策的感知及认可度不高,其对企业减排行为的影响也相对较小;政府激励扶持型环境政策的作用要优于单一的行政命令型环境政策;而基于减排分工考核的环境政策对企业减排行为的促进作用最为明显。未来,我国应在区域减排分工的基础上,进一步明确企业间的减排分工,并且完善企业减排考核指标体系,建立区域排污交易市场,加大对环保企业和环保技术研发的信贷支持力度,同时加强政府的激励扶持,辅之以行政命令型环境政策,引导企业采取积极合理的减排策略。

基于以上分析,笔者对得到支持的题项进行进一步论证,得出结论如下:

在基于减排分工考核的环境政策中:建立环保绩效评价指标和区域排污许可交易对促进企业加强管理有显著的正向作用;明确企业间的减排分工对促进企业采取产品创新策略具有显著的正向作用;而建立企业环保绩效考核指标和完善绿色信贷制度对促进企业采取环保技术投资与研发的策略有显著的正向作用。

在政府激励扶持的环境政策中:政府环保技术扶持对企业采取产品创新策略有显著的正向作用;而政府税收优惠则对企业高减排成本行为有显著的负向作用,可能是国家对部分高能耗企业的能源消费的不当补贴,造成了石化能源消费的加剧,企业不愿意调整用能结构。调整国内能源价格机制、制定合理的能源补贴政策是调整并优化国内能源消费结构的重要环节。

在政府监督惩罚的环境政策中:加强环境行政督察和完善市场准入机制对企业采取产品创新策略有显著的促进作用。这说明加大政府的监管力度,制定完善的行业标准与市场准入标准,能有效促使企业优化产品结构,改进产品生产工艺,提高产品生产效率。

第9章 中国碳交易市场与企业应对

9.1 中国碳交易市场概述

西方主流经济学者认为,气候恶化是由产权不清晰和市场缺位造成的一个社会问题,主张通过碳税、碳交易等市场化的途径将生产的负外部性内部化。1997 年通过的《京都议定书》制定了三种碳减排的履约机制——清洁发展机制(CDM)、联合履约机制(JI)和排放交易机制(ET),奠定了碳交易市场机制的法理基础。目前,世界上主要有欧盟排放权交易体系、英国排放权交易体系、澳大利亚国家信托和美国芝加哥气候交易所四大碳交易市场。在 2015 年巴黎气候大会前夕,中国提出将在 2017年启动全国性的碳交易市场。作为全球最大的碳排放经济体,搭建全国碳交易市场对中国实现碳减排目标意义重大,同时对全球碳交易市场建设具有重大意义。根据中国碳减排潜力来看,国内外许多机构和学者都认为,中国碳交易市场极有可能成为全世界最大的碳交易市场。

9.1.1 中国碳交易市场发展历程简述

2011 年 3 月 16 日,国务院正式公布《国民经济和社会发展第十二个五年规划纲要》,提出逐步建立碳排放交易市场,发挥市场机制在推动经济发展方式转变和经济结构调整方面的重要作用。

2011 年 10 月 29 日,国家发改委发布《国家发展改革委办公厅关于开展碳排放权交易试点工作的通知》,正式批准北京市、天津市、上海市、重庆市、湖北省、广东省及深圳市开展碳排放权交易试点。

2012 年 6 月 13 日,国家发改委印发《温室气体自愿减排交易管理暂行办法》。

2012 年 8 月 25 日,国务院正式印发《节能减排"十二五"规划》,指出要开展排污权、碳排放权交易试点,保障"十二五"时期节能减排目标的实现。

2013 年 6 月 18 日,深圳市碳交易试点市场率先启动交易。

2013 年 10 月 15 日起,国家发改委办公厅陆续印发发电、钢铁、石油化工、造纸等 20 余个行业企业的,温室气体排放核算方法与报告指南(试行)"。

2014 年 6 月 19 日,重庆市碳排放权交易正式开市。至此,国家确定的 7 个碳排放权交易试点省市全部实现开市。

2015 年 12 月,巴黎气候大会前夕,中国提出将于 2017 年正式启动全国性碳交易市场。

2015 年 12 月,国家发改委向国务院递交《碳排放权交易管理条例(草案)》,等待审议。

2016 年 1 月 9 日,国家发改委办公厅发布《关于切实做好全国碳排放权交易市场启动重点工作的通知》,要求国家、地方、企业上下联动、协同推进全国碳排放权交易市场的建设,确保 2017 年启动全国碳排放权交易,实施碳排放权交易制度。

2016 年 10 月,国家发改委启动全国碳市场的碳排放配额分配工作。

2016 年 10 月 18 日,财政部发布《关于征求〈碳排放权交易试点有关会计处理暂行规定(征求意见稿)〉意见的函》。

9.1.2　中国碳交易试点市场概况

2013 年 6 月 18 日,深圳市碳排放权交易市场率先启动,成为中国首个碳交易市场。此后一年内,上海、北京、广东、天津、湖北和重庆这六个碳交易试点省市陆续启动交易。根据湖北碳交易所 2016 年 9 月发布的公告,截至 2016 年 9 月 30 日,七大试点二级市场累计成交约 3.54 亿吨,累计完成交易额 81.14 亿元。其中,全国配额线上公开交易累计成交 5 873.49 万吨,成交金额 15.83 亿元;大宗及协议转让累计成交 4 607.75 万吨,累计成交金额 5.11 亿元;现货远期成交 2.50 亿吨,累计成交金额 60.19 亿元。从碳配额现货市场线上公开交易的总成交量和总成交金额来看,湖北、深圳、广东名列前三,北京和上海处于第二梯队,天津和重庆最小,具体如表9-1所示。

表9-1 七大碳交易试点的碳配额交易概况

交易所	启动日期	日均成交价(元)	总交易量(万吨)	总成交额(万元)
北京	2013/11/28	50.07	469.74	23 816.70
上海	2013/11/26	25.56	750.96	12 987.56
广东	2013/12/19	31.60	1 737.99	27 080.69
天津	2013/12/26	24.11	184.43	3 083.86
深圳	2013/6/18	46.25	1 600.11	54 744.54
湖北	2014/4/2	22.74	3 397.68	69 763.00
重庆	2014/6/19	21.77	41.31	747.77

资料来源:笔者整理。

9.2 企业应对策略的理论研究

2007年,中国超越美国成为全球最大的碳排放经济体,国际社会要求中国承担碳减排责任的呼声日益高涨。在此背景下,2009年中国正式提出了2020年的减排行动目标,节能减排行动在全国迅速升温。2015年6月,中国又正式提出了2030年气候变化应对的行动目标,并表示于2017年启动全国性碳交易市场。全国统一碳交易市场的启动将标志着我国环境政策工具体系的进一步完善,市场机制将在节能减排行动中发挥更加重要的作用。企业作为碳交易市场的主要参与者,将采取何种应对策略以抓住低碳发展机遇,学界就此展开了大量研究。

9.2.1 企业经营绩效

刘兆征(2010)认为,低碳经济为我国企业创造了一个"弯道超车"的机会。未来企业的竞争是以碳生产率为核心的竞争,一个只注重经济效益、节能减排意识弱的企业必然要被历史淘汰。操群(2015)基于我国碳交易试点省市的不同标准,探析了碳配额、碳排放交易对短期企业价值的影响。研究认为,碳配额标准应考虑企业实际情况以激发企业减排动力,企业碳配额总量的确定及分配要考虑各行业企业碳排放的实际情况。另外要完善碳交易二级市场,鼓励机构投资者和个人参与碳排放交易,促进碳交易市场的活跃与稳定。贺胜兵等(2016)基于反事实分析框架,并采用匹配估计量方法对清洁发展机制项目的实施效果进行评价。研究发现,碳交易对企业绩效的影响存在明显的行业差异性,CDM项目显著提高了火电企业和水泥企业的经营绩效,但对钢铁企业绩效产生了负面影响。孙亚男(2014)通过构建复合碳排放交易体系下的双寡头企业的合作和竞争的三阶段博弈模型,对企业应对政府征收碳税的减排策略进行研究。研究认为,在碳交易市场中,征收碳税对降低碳排放量、增加企业收益具有促进作用,但这需要依靠碳交易市场和碳排放权交易制度促使企业主动选择"提高计划碳减排量"的方式逐年降低碳排放量。同时,政府还需积极引导和促使企业不断提高针对碳减排等技术的研发效率,并积极开展合作研发减排。

9.2.2 企业生产活动

在低碳环境下,企业的减排决策与供应链上下游企业的减排决策息息相关,需要供应链实现整体低碳化以共同应对低碳风险,寻求供应链整体的最高减排效率。因此,在满足社会减排要求的同时,保证供应链持续稳定经营,实现供应链整体效益最大化,是低碳经济背景下供应链的经营目标。(赵道致等,2012)张琦等(2014)提出了基于碳交易市场的再制造集成物流网络设计的优化模型,借助此模型,企业可以评估自身碳排放量,预估碳减排成果,并预测其在碳交易市场中的经济效益。该研究还表明,考虑到碳交易市场环境的再制造集成物流网络相对于单一总成本最小(无碳约束)和单一碳排放量目标,在碳减排和总成本减少上都具有较大优势,碳交易政策对企业再制造物流网络的构建具有显著影响。马常松等(2015)基于随机市场需求,对碳限额政策、碳税政策、碳限额与交易政策下企业的生产策略进行了研究。结果发现,在碳限额与交易政策下,企业的最优生产量主要取决于碳交易价格的水平,此时的期望利润和最优情形下期望利润的大小主要取决于政府的初始碳配额量的大小。由上述可知,政府的低碳政策对企业的生产会产生较大的影响,因此,企业必须重视产量调整或考虑绿色技术投入,对政府的低碳政策进行有效应对。

9.2.3　企业内部碳交易

王璟珉等(2010)认为,在企业自主减排动力不足的背景下,不仅需要外部激励,更需要企业的内生性动力。因此,应当引入企业内部碳交易机制,将企业内的各部门作为减排单位参与企业内部碳交易市场,从根本上激励企业减排的自发性,以达到企业整体节能降耗的目标。王璟珉主张的基于"总量管制和排放交易"理念建立的企业内部碳交易市场具体包括三个互相联系的子市场,即碳信用市场、碳项目市场和现碳交易市场。各子市场的良好运作也需要三重保障,即减排基金的合理构建、产权的明晰和监督机制的完善。通过构建内部碳交易市场,实现温室气体排放权在企业内部的市场化运作,提高温室气体排放权的利用效率,从而减少企业的温室气体排放量,降低企业的生产运营成本,帮助企业抓住气候变化带来的战略机遇,规避风险,实现可持续发展。

9.2.4　碳价格波动的影响

周远祺等(2013)通过构建实物期权投资分析模型,研究碳交易价格在不同跳跃状态下对石油化工企业选择能耗优化项目价值、投资规模和投资时机的影响。研究发现,碳交易的价格直接影响到企业对能耗优化技术的投资、利润与经营状况。田江等(2015)通过构建收益函数模型,分别研究了在产品市场价格波动与碳排放权市场价格固定,以及产品市场价格波动与碳排放权市场价格波动两种情形下,企业的最优策略及单位产品碳减排量的变化规律。研究发现,在碳交易价格不变时,企业的最优单位产品碳减排量为边际碳减排成本,等于当前碳交易价格时的碳减排量;与碳交易价格的固定情形相比,波动的碳交易价格会促使高排放企业增加碳减排技术投入,促使低排放企业减少碳减排技术投入。魏琦等(2015)运用跨期实验对电力市场和碳市场中的领导企业追求利润最大化时所采用的占优策略进行研究。研究发现,领导企业将提高电力价格以实现利润最大化,经纪人的出现将抑制碳交易市场中的市场势力,许可证价格与市场势力和电力需求水平无显著关系。

9.2.5 小 结

中国已公布 2030 年实现碳排放峰值的战略目标,正逐步实现由碳强度减排向绝对量减排的转变。随着全国碳交易市场的启动与完善,碳税开征也将提上日程,中国环境政策工具正由政府命令控制型为主转向市场经济激励型主导的体系。企业作为碳减排的最重要主体之一,面对日益完善的环境政策工具体系,能否采取恰当的应对策略攸关企业能否健康持续发展。从当前我国碳交易试点的实践来看,企业对碳交易、碳金融等的认识尚不足够,能力建设亟须跟上。部分企业对碳交易的认识还处于仅仅为了完成控排责任的早期阶段,没有意识到碳排放权配额及项目减排量等其实也是一种资产。(刘兆征,2010)尽管企业实施碳减排的未来收益会受到多方面因素的影响,但是一旦企业实施了减排行为,就选择了一个具备良好发展势头的产业方向,社会资本流入及这种行为所带来的绿色竞争优势就会逐步凸显。企业积极响应政府号召,把握时代潮流,才会获取政策的支持,为企业的发展借得东风。同时,把握住国内外碳市场的发展机遇,投身碳金融市场,利用金融的杠杆作用,对冲碳减排的投入风险,企业就能获取碳减排的超额收益。

总而言之,立足企业长期竞争优势的打造,碳减排无疑是最好的选择,它可以将企业送上良性的发展轨道,让企业获得持久的竞争优势。系统认知外部环境变化、有效甄别风险下的隐藏收益必然成为"后危机时代"企业获胜的重要能力,对碳减排问题的解析正是这种能力的一个缩影。因此,企业的适应性创新能力将成为企业的一种新兴竞争优势,这种能力的核心就是通过内在的学习能力和创新机制有效化解外在复杂环境给企业带来的不确定性,进而将其转化为可观的超额收益。

参考文献

[1] 阿瑟·塞西尔·庇古,2013.福利经济学[M].北京:华夏出版社.

[2] 白小涛,李为吉,2006.利用协同优化方法实现复杂机械系统的设计优化[J].机械设计(3):31-34.

[3] 蔡昉,都阳,王美艳,2008.经济发展方式转变与节能减排内在动力[J].经济研究(6):5-11.

[4] 蔡凌曦,范莉莉,2014.关于灰色关联度分析法的节能减排事前评价[J].经济体制改革(1):188-192.

[5] 蔡圣华,牟敦国,方梦祥,2011.二氧化碳强度减排目标下我国产业结构优化的驱动力研究[J].中国管理科学,19(4):167-173.

[6] 曹静,2009.走低碳发展之路:中国碳税政策的设计及 CGE 模型分析[J].金融研究(12):19-29.

[7] 曹新,1996.产业结构与经济增长[J].经济学家(6):94-96.

[8] 操群,2015.碳配额、碳排放交易对短期企业价值影响分析——基于我国碳交易试点省市不同标准的比较[J].财会通讯(16):33-35.

[9] 柴盈,曾云敏,2009.奥斯特罗姆对经济理论与方法论的贡献[J].经济学动态(12):100-103.

[10] 车卉淳,2003.关于环境问题的理论分析与政策比较[J].现代经济探讨(2):19-34.

[11] 陈红敏,2011.国际碳核算体系发展及其评价[J].中国人口·资源与环境,21(9):111-116.

[12] 陈剑辉,2005.基于多智能代理决策系统的建设项目协同管理问题研究[J].广东电力(4):12-16.

[13] 陈劲,阳银娟,2012.协同创新的理论基础与内涵[J].科学学研究(2):161-164.

[14] 陈晓红,胡维,王陟昀,2013.自愿减排碳交易市场价格影响因素实证研究——以美国芝加哥气候交易所(CCX)为例[J].中国管理科学,21(4):74-81.

[15] 陈俊杰,2015."一带一路"战略刍议[J].经济论坛(6):4-8,9.

[16] 陈诗一,2009.能源消耗、二氧化碳排放与中国工业的可持续发展[J].经济研究(4):41-55.

[17] 陈诗一,2010.中国的绿色工业革命:基于环境全要素生产率视角的解释(1980—2008)[J].经济研究(11):21-34.

[18] 陈诗一,2011a.边际减排成本与中国环境税改革[J].中国社会科学(3):85-100.

[19] 陈诗一,2011b.中国碳排放强度的波动下降模式及经济解释[J].世界经济(4):124-143.

[20] 陈武,李云峰,何庆丰,2011.中国低碳发展的国际比较:世界贸易格局[J].中国人口·资源与环境,21(7):86-90.

[21] 陈艳,朱雅丽,2011.中国农村居民可再生能源生活消费的碳排放评估[J].中国人口·资源与环境,21(9):88-92.

[22] 成艾华,2011.技术进步、结构调整与中国工业减排——基于环境效应分解模型的分析[J].中国人口·资源与环境,21(3):41-47.

[23] 程开明,2007.城市化与经济增长的互动机制及理论模型述评[J].经济评论(4):143-150.

[24] 邓聚龙,1984.社会经济灰色系统的理论与方法[J].中国社会科学(6):47-60.

[25] 丁维莉,陆铭,2005.教育的公平与效率是鱼和熊掌吗——基础教育财政的一般均衡分析[J].中国社会科学(6):47-57+206.

[26] 丁菊红,邓可斌,2008.政府偏好、公共品供给与转型中的财政分权[J].经济研究(7):78-89.

[27] 董竹,张云,2011.中国环境治理投资对环境质量冲击的计量分析——基于 VEC 模型与脉冲响应函数[J].中国人口·资源与环境,21(8):61-65.

[28] 杜刚,孙作人,苗建军,2012.基于文献计量的碳排放强度研究前沿理论综述[J].经济学动态(4):88-91.

[29] 杜克锐,邹楚沅,2011.我国碳减排效率地区差异、影响因素及收敛性分析——基于随机前沿模型和面板单位根的实证研究[J].浙江社会科学(11):32-43.

[30] 范允奇,王文举,2012.欧洲碳税政策实践对比研究与启示[J].经济学家(7):96-104.

[31] 樊纲,苏铭,曹静,2010.最终消费与碳减排责任的经济学分析[J].经济研究(1):50-55.

[32] 冯锋,汪良兵,2011.协同创新视角下的区域科技政策绩效提升研究——基于泛长三角区域的实证分析[J].科学学与科学技术管理(12):109-115.

[33] 冯婷婷,2011.最终需求拉动下的 CO_2 排放驱动因素研究:1997-2007[J].中国人口·资源与环境,21(8):100-106.

[34] 傅晓霞,吴利学,2006.随机生产前沿方法的发展及其在中国的应用[J].南开经济研究(2):130-141.

[35] 高鸿业,2007.西方经济学[M].4 版.北京:中国人民大学出版社.

[36] 高鹏飞,陈文颖,2002.碳税与碳排放[J].清华大学学报(自然科学版),42(10):1335-1338.

[37] 高伟,吕涛,张磊,等,2012.基于区际产业联动的协同创新过程研究[J].科学学研究(2):175-185.

[38] 高振宇,王益,2006.我国能源生产率的地区划分及影响因素分析[J].数量经济技术经济研究,23(9):46-57.

[39] 高莹,郭琨,2012.全球碳交易市场格局及其价格特征——以欧洲气候交易体系为例[J].国际金融研究(12):82-88.

[40] 龚本刚,华中生,檀大水,2007.一种语言评价信息不完全的多属性群决策方法[J].中国管理科学,15(1):88-93.

[41] 顾鹏,2013.城市居民低碳消费行为实证研究[J].当代经济(16):61-63.

[42] 国务院发展研究中心课题组,2009.全球温室气体减排:理论框架和解决方案[J].经济研究(3):4-13.

[43] H.哈肯,1984.协同学[M].北京:原子能出版社.

[44] 韩晶,2010.中国高技术产业创新效率研究——基于 SFA 方法的实证分析[J].科学学研究(3):467-472.

[45] 韩颖,马萍,刘璐,2010.一种能源消耗强度影响因素分解的新方法[J].数量经济技术经济研究(4):137-147.

[46] 韩玉军,陆旸,2009.经济增长与环境的关系——基于对 CO_2 环境库兹涅茨曲线的实证研究[J].经济理论与经济管理(3):5-11.

[47] 何枫,陈荣,2008.R&D 对中日家电企业效率差异的经验解释:SFA 和 DEA 的比较[J].研究与发展管理(3):10-15.

[48] 何建坤,2011.中国能源发展与应对气候变化[J].中国人口·资源与环境,21(10):40-48.

[49] 何建坤,刘滨,2004.作为温室气体排放衡量指标的碳排放强度分析[J].清华大学学报(自然科学版)(6):740-743.

[50] 贺建刚,2011.碳信息披露、透明度与管理绩效[J].财经论丛(7):87-92.

[51] 贺爱忠,李韬武,盖延涛,2011.城市居民低碳利益关注和低碳责任意识对低碳消费的影响——基于多群组结构方程模型的东、中、西部差异分析[J].中国软科学(8):185-192.

[52] 贺胜兵,周华蓉,田银华,2016.碳交易对企业绩效的影响——以清洁发展机制为例[J].中南财经政法大学学报(3):3-10,158.

[53] 贺菊煌,沈可挺,徐嵩龄,2002.碳税与二氧化碳减排的 CGE 模型[J].数量经济技术经济研究(10):39-47.

[54] 洪大用,2001.社会变迁与环境问题[M].北京:首都师范大学出版社.

[55] 洪尚群,李亚园,闫自申,等,2001.不同政策组合的战略环境影响评价[J].环境评价(12):49-51.

[56] 侯伟丽,方浪,2012.环境管制对中国污染密集型行业企业竞争力影响的实证研究[J].中国人口·资源与环境,22(7):67-72.

[57] 胡涛,田春秀,李丽平,2004.协同效应对中国气候变化的政策影响[J].国际合作与交流(9):56-58.

[58] 华坚,任俊,2012.长三角地区碳排放的测度、比较及影响因素分析:

1990—2009 年[J].河海大学学报(哲学社会科学版),14(3):57-61,91.

[59] 黄德林,陈宏波,李晓琼,2012.协同治理:创新节能减排参与机制的新思路[J].中国行政管理(1):23-26.

[60] 黄席樾,刘卫红,马笑潇,等,2002.基于 Agent 的人机协同机制与人的作用[J].重庆大学学报(自然科学版)(9):32-35.

[61] 黄英娜,郭振仁,张天柱,等,2005.应用 CGE 模型量化分析中国实施能源环境税政策的可行性[J].城市环境与城市生态(2):18-20.

[62] 计志英,赖小锋,贾利军,2016.家庭部门生活能源消费碳排放:测度与驱动因素研究[J].中国人口·资源与环境,26(5):64-72.

[63] 贾文彬,乌云其其格,2010.西部地区承接产业转移的动因分析[J].经济研究导刊(23):62-63.

[64] 蒋金荷,2011.中国碳排放量测算及影响因素分析[J].资源科学,33(4):597-604.

[65] 姜克隽,2009.征收碳税对 GDP 影响不大[J].中国投资(9):20-23.

[66] 姜克隽,胡秀莲,庄幸,等,2009.中国 2050 年低碳情景和低碳发展之路[J].中外能源(6):1-7.

[67] 姜磊,柏玲,2014.中国能源强度的空间分布与收敛研究——基于动态空间面板模型的分析[J].西部论坛(4):61-69.

[68] 金碚,2009.资源环境管制与工业竞争力关系的理论研究[J].中国工业经济(3):5-17.

[69] 金丽国,2007.区域主体与空间经济自组织[M].上海:上海人民出版社.

[70] 金玲,2015."一带一路":中国的马歇尔计划?[J].国际问题研究(1):88-99.

[71] 金帅,盛昭瀚,杜建国,2011.区域排污权交易系统监管机制均衡分析[J].中国人口·资源与环境,21(3):14-19.

[72] 李爱国,2004.多粒子群协同优化算法[J].复旦学报(自然科学版)(5):923-925.

[73] 李建花,2010.科技政策与产业政策的协同整合[J].科技进步与对策(8):25-27.

[74] 李廉水,周勇,2006.技术进步能提高能源效率吗？——基于中国工业部门的实证检验[J].管理世界(10):82-89.

[75] 李高扬,刘明广,2011.不完全无言信息下的多准则群决策方法研究[J].数学的实践与认知(2):9-14.

[76] 李虹,2011.中国化石能源补贴与碳减排——衡量能源补贴规模的理论方法综述与市政分析[J].经济学动态(3):92-96.

[77] 李善同,侯永志,刘云中,等,2004.中国国内地方保护问题的调查与分析[J].经济研究(11):78-95.

[78] 李双杰,王林,范超,2007.统一分布假设的随机前沿分析模型[J].数量经济技术经济研究(4):84-91.

[79] 李陶,陈林菊,范英,2010.基于非线性规划的我国省区碳强度减排配额研究[J].管理评论(6):54-60.

[80] 李影,2011.低碳经济背景下缓解能源约束途径[J].经济问题(11):32-37.

[81] 李元旭,黄平,2011.战略网络场域、社会资本与国际服务接包企业绿色竞争优势获取研究[J].中国工业经济(8):109-118.

[82] 李忠民,陈向涛,姚宇,2011.基于弹性脱钩的中国减排目标缺口分析[J].中国人口·资源与环境,21(11):57-63.

[83] 李尚英,马婧,2015.中国碳市场现状的实证研究及对统一碳市场建立的启示——以北京和天津为例[J].中国市场(34),187-192.

[84] 李丽滢,董殿姣,2016.低碳经济视角下居民消费模式转变机理研究——以辽宁省为例[J].生态经济,32(9):59-63,115.

[85] 李响,李为吉,2004.利用协同优化方法实现复杂系统分解并行设计优化[J].宇航学报(3):300-304.

[86] 林伯强,蒋竺均,2009.中国二氧化碳的环境库兹涅茨曲线预测及影响因素分析[J].管理世界(4):27-36.

[87] 林伯强,孙传旺,2011.如何在保障中国经济增长前提下完成碳减排目标[J].中国社会科学(1):15-31.

[88] 林跃勤,2015."一带一路"构想:挑战与应对[J].湖南财政经济学院学报(2):5-17.

[89] 刘丹鹤,2003.环境政策工具对技术进步的影响机制及其启示[J].

自然辩证法研究,19(1):66-69.

[90] 刘洁,李文,2011.征收碳税对中国经济影响的实证[J].中国人口·资源与环境,21(9):99-104.

[91] 刘婧,2010.我国节能与低碳的交易市场机制研究[M].上海:复旦大学出版社.

[92] 刘明广,2009a.复杂群决策系统的涌现机理研究[J].系统科学学报(7):67-70.

[93] 刘明广,2009b.复杂群决策系统决策与协同优化[M].北京:人民出版社.

[94] 刘明周,李军鹏,张铭鑫,等,2005.基于协同管理模式的企业员工招聘模型研究[J].合肥工业大学学报(自然科学版)(5):550-553.

[95] 刘培林,2005.地方保护和市场分割的损失[J].中国工业经济(4):69-76.

[96] 刘卫东,陆大道,张雷,等,2010.我国低碳经济发展框架与科学基础——实现 2020 年单位 GDP 碳排放降低 40%～45% 的路径研究[M].北京:商务印书馆.

[97] 刘新梅,许中伟,徐润芳,2008.基于 SFA 模型的我国区域煤炭生产技术效率及其影响因素的实证研究[J].软科学(3):37-40.

[98] 刘扬,陈劭锋,2009.基于 IPAT 方程的典型发达国家经济增长与碳排放关系研究[J].生态经济(11):28-30.

[99] 刘朝,赵涛,2011.2020 年中国低碳经济发展前景研究[J].中国人口·资源与环境,21(7):73-79.

[100] 刘则杨,1999.宏观经济评价指标体系及其综合评价[J].北京统计(8):28-30.

[101] 刘兆征,2010.低碳经济对我国企业的影响分析及应对策略[J].科学社会主义(4):108-110.

[102] 刘卓倩,顾幸生,陈国初,2006.三群协同粒子群优化算法[J].华东理工大学学报(自然科学版)(7):754-757.

[103] 梁琦,2005.空间经济学:过去、现在与未来——兼评《空间经济学:城市、区域与国际贸易》[J].经济学(季刊)(4):1067-1086.

[104] 梁琦,丁树,王如玉,等,2011.环境管制下南北投资份额、消费份额

与污染总量分析[J].世界经济(8):44-65.

[105] 卢锋,李昕,李双双,等,2015.为什么是中国?——"一带一路"的经济逻辑[J].国际经济评论(3):9-35.

[106] 陆虹,2000.中国环境问题与经济发展的关系分析:以大气污染为例[J].财经研究(10):53-59.

[107] 陆铭,陈钊,2009.分割市场的经济增长——为什么经济开放可能加剧地方保护?[J].经济研究(3):42-52.

[108] 陆旸,2012.从开放宏观的视角看环境污染问题:一个综述[J].经济研究(2):146-158.

[109] 罗堃,叶仁道,2011.清洁发展机制下的低碳技术转移:来自中国的实证与对策研究[J].经济地理,31(3):493-499.

[110] 罗小芳,卢现祥,2011.环境治理中的三大制度经济学学派:理论与实践[J].国外社会科学(6):56-66.

[111] 罗楠,2016.关于家庭碳核算—交易制度的研究[J].当代经济(8):123-125.

[112] 马丽,2011.节能的目标责任制与自愿协议[J].中国人口·资源与环境,21(6):95-101.

[113] 马丽,2016.全球气候治理中的中国地方政府[J].社会科学文摘(1):16-18.

[114] 马杰,陈迎,1999.碳税:减排温室气体的重要税收制度[J].涉外税务(10):9-13.

[115] 马常松,陈旭,罗振宇,等,2015.随机需求下考虑低碳政策规制的企业生产策略[J].控制与决策,30(6):969-976.

[116] 马宏伟,刘思峰,袁潮清,等,2012.基于生产函数的中国能源消费与经济增长的多变量协整关系的分析[J].资源科学,34(12):2374-2381.

[117] 孟庆松,韩文秀,金锐,1998.科技—经济系统协调模型研究[J].天津师大学报(自然科学版),18(4):8-12.

[118] 牛叔文,丁永霞,李怡欣,等,2010.能源消耗、经济增长和碳排放之间的关联分析——基于亚太八国面板数据的实证研究[J].中国软科学(5):12-18,80.

[119] 皮建才,2008.中国地方政府间竞争下的区域市场整合[J].经济研究(3):115-124.

[120] 潘家华,2011.经济要低碳,低碳须经济[J].华中科技大学学报(社会科学版)(2):76-92.

[121] 潘家华,张丽峰,2011.我国碳生产率区域差异性研究[J].中国工业经济(5):47-57.

[122] 潘开灵,白列湖,2006.管理协同机制研究[J].系统科学学报(1):45-48.

[123] 庞晶,2011.低碳消费偏好与低碳产品需求分析[J].中国人口·资源与环境,21(9):76-80.

[124] 彭海珍,2006.中国环境政策体系改革的思路探讨[J].科学管理研究(2):25-28.

[125] 彭纪生,仲为国,孙文祥,2008.政策测量、政策协同演变与经济绩效:基于创新政策的实证研究[J].管理世界(9):25-36.

[126] 彭佳雯,黄贤金,钟太洋,等,2011.中国经济增长与能源碳排放的脱钩研究[J].资源科学,33(4):626-633.

[127] 齐绍洲,李锴,2010a.发展中国家经济增长与能源消费强度收敛的实证分析[J].世界经济研究(2):8-13.

[128] 齐绍洲,李锴,2010b.区域部门经济增长与能源强度差异收敛分析[J].经济研究(2):109-122.

[129] 齐绍洲,罗威,2007.中国地区经济增长与能源消费强度差异分析[J].经济研究(7):74-81.

[130] 齐绍洲,王班班,2013.碳交易初始配额分配:模式与方法的比较分析[J].武汉大学学报(哲学社会科学版),66(5):19-28.

[131] 曲亮,2010.中国碳减排应走什么路[N].光明日报,12-25.

[132] 乔宝云,范剑勇,冯兴元,2005.中国的财政分权与小学义务教育[J].中国社会科学(6):37-46.

[133] 乔榛,2012.发展低碳经济与加快经济增长是否冲突[J].苏州大学学报(3):92-96.

[134] 邱寿丰,2008.中国能源强度变化的区域影响分析[J].数量经济技术经济研究(12):37-48.

［135］任金玉,王辉,张翠华,2005.浅议供应链协同管理［J］.冶金经济与管理(3):18-20.

［136］任勤,2012.促进低碳经济发展的财税政策与金融支持的协同研究［J］.理论与改革(4):91-94.

［137］单豪杰,2008.中国资本存量 K 的再估算:1952~2006 年［J］.数量经济技术经济研究(10):17-31.

［138］盛小娇,杨肃昌,2011.我国碳金融发展存在的问题及对策［J］.经济纵横(11):89-92.

［139］师博,沈坤荣,2008.市场分割下的中国全要素能源效率:基于超效率 DEA 方法的经验分析［J］.世界经济(9):49-59.

［140］史丹,吴利学,傅晓霞,等,2008.中国能源效率地区差异及其成因研究——基于随机前沿生产函数的方差分解［J］.管理世界(2):35-43.

［141］史丹,2006.中国能源效率的地区差异与节能潜力分析［J］.中国工业经济(10):57-65.

［142］史丹,2002.我国经济增长过程中能源利用效率的改进［J］.经济研究(9):36-43.

［143］史丹,张金隆,2003.产业结构变动对能源消费的影响［J］.经济理论与经济管理(8):30-32.

［144］石洪景,2015.城市居民低碳消费行为及影响因素研究——以福建省福州市为例［J］.资源科学,37(2):308-317.

［145］宋德勇,易艳春,2011.外商直接投资与中国碳排放［J］.中国人口·资源与环境,21(1):49-52.

［146］宋德勇,卢忠宝,2009.我国发展低碳经济的政策工具创新［J］.华中科技大学学报(社会科学版)(3):85-91.

［147］宋德勇,易艳春,2011.外商直接投资与中国碳排放［J］.中国人口·资源与环境,21(1):49-52.

［148］苏明,傅志华,许文,等,2009.我国开征碳税效果预测和影响评价［J］.环境经济(9):24-28.

［149］孙鳌,2009.治理环境外部性的政策工具［J］.云南社会科学(5):94-97.

［150］孙传旺，刘希颖，林静，2010.碳强度约束下中国全要素生产率测算与收敛性研究［J］.金融研究(6):17-33.

［151］孙振宇，2015."一带一路"战略的时代背景、风险与挑战以及几点建议［J］.政治经济学评论，6(4):5-8.

［152］孙敏，杨红娟，刘海洋，2016.少数民族农户生活消费间接碳排放影响因素研究［J］.经济问题探索(5):51-58.

［153］孙亚男，2014.碳交易市场中的碳税策略研究［J］.中国人口·资源与环境，24(3):32-40.

［154］田江，钱广玉，秦霞，2015.基于碳交易价格波动环境下企业减排策略研究［J］.生态经济，31(5):57-61.

［155］涂正革，2008.环境、资源与工业增长的协调性［J］.经济研究(2):93-105.

［156］涂正革，2012.中国的碳减排路径与战略选择——基于八大行业部门碳排放量的指数分解分析［J］.中国社会科学(3):78-96.

［157］陶长琪，王志平，2011.随机前沿方法的研究进展与展望［J］.数量经济技术经济研究(11):148-161.

［158］唐葆君，申程，2012.欧洲二氧化碳期货市场有效性分析［J］.北京理工大学学报(社会科学版)，14(1):15-19.

［159］唐德祥，李京文，孟卫东，2008.R&D对技术效率影响的区域差异及其路径依赖——基于我国东、中、西部地区面板数据随机前沿方法(SFA)的经验分析［J］.科研管理(2):115-121.

［160］藤田昌久，保罗·R.克鲁格曼，安东尼·J.维纳布尔斯，2010.空间经济学——城市、区域与国际贸易［M］.梁琦，译.北京:中国人民大学出版社.

［161］托马斯·思德纳，2006.环境与自然资源管理的政策工具［M］.上海:上海人民出版社.

［162］汪兴东，景奉杰，2012.城市居民低碳购买行为模型研究——基于五个城市的调研数据［J］.中国人口·资源与环境，22(2):47-55.

［163］王璟珉，岳杰，魏东，2010.期权理论视角下的企业内部碳交易机制定价策略研究［J］.山东大学学报(哲学社会科学版)(2):86-94.

［164］王璟珉.2011,企业内部碳交易市场探析［J］.中国人口·资源与环

境,21(8):124-129.

[165] 王谦,张子刚,2003.企业并购中的协同机制研究[J].企业经济(7):21-22.

[166] 王庆山,李健,2016.弱关联性约束下中国试点省市碳排放权分配效率研究[J].软科学,30(3):81-84,107.

[167] 王建明,贺爱忠,2011a.消费者低碳消费行为的心理归因和政策干预路径:一个基于扎根理论的探索性研究[J].南开管理评论,14(4):80-89.

[168] 王建明,王俊豪,2011b.公众低碳消费模式的影响因素模型与政府管制政策——基于扎根理论的一个探索性研究[J].管理世界(4):58-68.

[169] 王建明,2015.环境情感的维度结构及其对消费碳减排行为的影响——情感-行为的双因素理论假说及其验证[J].管理世界(12):82-95.

[170] 王彬辉,2006.论环境法的逻辑嬗变——从"义务本位"到"权利本位"[M].北京:科学出版社.

[171] 王彬辉,2012.美国碳税历程、实践及对中国的启示[J].湖南师范大学社会科学学报(2):85-88.

[172] 王灿,陈吉宁,邹骥,2005.基于 CGE 模型的 CO_2 减排对中国经济的影响[J].清华大学学报(自然科学版),45(12):1621-1624.

[173] 王锋,2012.化石能源耗竭与气候变化约束下的经济低碳转型[J].当代经济科学,34(3):1-11,124.

[174] 王锋,冯根福,2011.优化能源结构对实现中国碳强度目标的贡献潜力评估[J].中国工业经济(4):127-137.

[175] 王锋,吴丽华,杨超,2010.中国经济发展中碳排放增长的驱动因素研究[J].经济研究(2):123-136.

[176] 王昆,宋海洲,2003.三种客观权重赋权法的比较分析[J].技术经济与管理研究(6):48-49.

[177] 王琳,肖序,许家林,2011."政府—企业"节能减排互动机制研究[J].中国人口·资源与环境,21(6):102-109.

[178] 王君华,2006.基于系统协同管理的概念模型[J].经济师(9):

212-213.

[179] 王敏,冯宗宪,2012.排污税能够提高环境质量吗[J].中国人口·资源与环境,22(7):73-77.

[180] 王文涛,刘燕华,于宏源,2014.全球气候变化与能源安全的地缘政治[J].地理学报,69(9):1259-1267.

[181] 王塑峰,关键,2012.经济增长与碳减排是否只能择一——一个数学规划解及其引申[J].工业技术经济(2):97-102.

[182] 王文举,向其凤,2014.中国产业结构调整及其节能减排潜力评估[J].中国工业经济(1):44-56.

[183] 王先庆,武亮,2011.低碳商业背景下的采购低碳化趋势与供应商选择——基于企业社会责任的一般线性模型[J].财贸经济(2):74-79.

[184] 王遥,2010.碳金融全球视野与中国布局[M].北京:中国经济出版社.

[185] 王宜刚,欧阳祖友,2011.低碳经济背景下企业融资路径选择[J].中国商贸(6):102-103.

[186] 王义桅,郑栋,2015."一带一路"战略的道德风险与应对措施[J].东北亚论坛(4):39-47.

[187] 魏楚,沈满洪,2007.能源效率及其影响因素:基于DEA的实证分析[J].管理世界(8):66-76.

[188] 魏楚,沈满洪,2008.结构调整能否改善能源效率:基于中国省级数据的研究[J].世界经济(11):77-85.

[189] 魏涛远,格罗姆斯洛德,2002.征收碳税对中国经济与温室气体排放的影响[J].世界经济与政治(8):47-49.

[190] 魏一鸣,刘兰翠,范英,等,2008.中国能源报告(2008):碳排放研究[M].北京:科学出版社.

[191] 魏琦,张兆钰,王乐乐,2015.电力行业碳交易和企业策略的实验研究[J].软科学,29(11):115-18.

[192] 吴鹏,苏新宁,邓三鸿,等,2005.知识管理系统中的智力协同框架[J].研究与发展管理(2):20-27.

[193] 吴琦,武春友,2009.基于DEA的能源效率评价模型研究[J].管理

科学,22(1):103-112.

[194] 吴巧生,陈亮,张炎涛,等,2008.中国能源消费与 GDP 关系的再检验——基于省际面板数据的实证分析[J].数量经济技术经济研究,25(6):27-40.

[195] 吴晓青,洪尚群,蔡守秋,等,2003.环境政策工具组合的原理、方法和技术[J].重庆环境科学(12):85-87.

[196] 徐国泉,刘则渊,姜照华,2006.中国碳排放的因素分解模型及实证分析:1995—2004[J].中国人口.资源与环境,16(6):158-161.

[197] 徐浩鸣,2002.混沌学与协同学在我国制造业产业组织的应用[D].哈尔滨:哈尔滨工程大学.

[198] 徐玉高,孙永广,施祖麟,1998.再分配碳税收入的国际碳税机制的经济分析[J].数量经济技术经济研究(4):38-43.

[199] 徐晓明,2016.碳排放权双向拍卖机制研究[J].价格理论与实践(4):85-87.

[200] 徐泽水,2004.不确定多属性决策方法及其应用[M].北京:清华大学出版社.

[201] 许广月,宋德勇,2010a.我国出口贸易、经济增长与碳排放关系的实证研究[J].国际贸易问题(1):74-79.

[202] 许广月,宋德勇,2010b.中国碳排放环境库兹涅茨曲线的实证研究——基于省域面板数据[J].中国工业经济(5):37-47.

[203] 许士春,何正霞,龙如银,2012.环境规制对企业绿色技术创新的影响[J].科研管理(6):67-74.

[204] 许士春,龙如银,2014.经济增长、城市化与二氧化碳排放[J].广东财经大学学报(6):23-31.

[205] 许晓雯,时鹏将,2006.基于 DEA 和 SFA 的我国商业银行效率研究[J].数理统计与管理(1):68-72.

[206] 肖璐,2007.环境政策工具的发展演变[J].价格月刊(11):90-92.

[207] 肖序,郑玲,2011.低碳经济下企业碳会计体系构建研究[J].中国人口·资源与环境,21(8):55-60.

[208] 邢璐,石磊,HUSSAIN A,2010.节能减排目标下的企业应对行为研究[J].北京大学学报(自然科学版),46(3):465-470.

[209] 薛彩军,聂宏,姜少飞,2005.机械产品协同优化设计研究综述[J].机械科学与技术(5):620-623.

[210] 薛钢,潘孝珍,2012.财政分权对中国环境污染影响程度的实证分析[J].中国人口·资源与环境,22(1):77-83.

[211] 薛进军,2011.中国低碳经济发展报告[M].北京:社会科学文献出版社.

[212] 杨华,2007.中国环境保护政策研究[M].北京:中国财政经济出版社.

[213] 杨裴,任保平,2011.中国经济增长质量:碳排放视角的评价[J].软科学,25(11):89-93.

[214] 杨云飞,2010.温室气体减排对企业的影响及应对策略研究[J].科技进步与对策(11):103-106.

[215] 杨子晖,2010.经济增长与二氧化碳排放关系的非线性研究:基于发展中国家的非线性 Granger 因果检验[J].世界经济(10):139-160.

[216] 杨子晖,2011.经济增长、能源消费与二氧化碳排放的动态关系研究[J].世界经济(6):100-125.

[217] 叶红,潘玲阳,陈峰,等,2010.城市家庭能耗直接碳排放影响因素——以厦门岛区为例[J].生态学报,30(14):3802-3811.

[218] 殷志平,王先甲,2012.碳排放削减约束下不同减排措施建模研究[J].武汉理工大学学报(4):86-90.

[219] 袁富华,2010.低碳经济约束下的中国潜在经济增长[J].经济研究(8):79-89,154.

[220] 余东华,刘运,2009.地方保护和市场分割的测度与辨识——基于方法论的文献综述[J].世界经济文汇(1):80-93.

[221] 余力,左美云,2006.协同管理模式理论框架研究[J].中国人民大学学报(3):68-73.

[222] 余泳泽,2011.我国节能减排潜力、治理效率与实施路径研究[J].中国工业经济(5):58-68.

[223] 岳超,胡雪洋,贺灿飞,等,2010.1995—2007 年我国省区碳排放及碳强度的分析——碳排放与社会发展[J].北京大学学报(自然科

学版)(4):510-516.

[224] 岳书敬,2011.基于低碳经济视角的资本配置效率研究——来自中国工业的分析与检验[J].数量经济技术经济研究(4):110-123.

[225] 曾冰,郑建锋,邱志萍,2016.环境政策工具对改善环境质量的作用研究——基于2001—2012年中国省际面板数据的分析[J].上海经济研究(5):39-46.

[226] 张成,陆旸,郭路,等,2011.环境规制强度和生产技术进步[J].经济研究(2):113-124.

[227] 张成,于同申,郭路,2010.环境规制影响了中国工业的生产率吗——基于DEA与协整分析的实证检验[J].经济理论与经济管理(3):11-17.

[228] 张翠华,任金玉,于海斌,2006.非对称信息下基于惩罚和奖励的供应链协同机制[J].中国管理科学(3):32-37.

[229] 张剑英,陈桂东,孟建东,2011.碳税对中国经济和就业的影响[J].经济纵横(10):39-41.

[230] 张军,高远,傅勇,等,2007.中国为什么拥有了良好的基础设施?[J].经济研究(3):4-19.

[231] 张克中,王娟,崔小勇,2011.财政分权与环境污染:碳排放的视角[J].中国工业经济(10):65-75.

[232] 张可云,张理芃,2011.国外低碳经济理论争议和政策选择比较[J].经济学动态(1):126-132.

[233] 张莉,2012.国际碳税的实施方式及我国碳税的设计[J].商业会计,2(3):15-16.

[234] 张嫚,2006.环境规制约束下的企业行为[M].北京:经济科学出版社.

[235] 张茉楠,2015."一带一路"重构全球经济增长格局[J].发展研究(5):14-19.

[236] 张宁,陆小成,杜静,2010.基于节能减排的区域低碳创新系统协同激励模型研究[J].科技进步与对策(7):29-32.

[237] 张三峰,卜茂亮,2011.环境规制、环保投入与中国企业生产率——基于中国企业问卷数据的实证研究[J].南开经济研究(2):

129-146.

[238] 张新平,2015.生态文明视角下新型城镇化建设的思考[J].管理学刊(3):40-45,57.

[239] 张学刚,钟茂初,2011.政府环境监管与企业污染的博弈分析及对策研究[J].中国人口·资源与环境,21(2):31-35.

[240] 张艳,秦耀辰,2011.家庭直接能耗的碳排放影响因素研究进展[J].经济地理,31(2):284-288,293.

[241] 张艳林,刘德顺,2001.温室气体减排问题中的公平性与效率问题[J].中国人口资源与环境,11(4):69-72.

[242] 张友国,2010.经济发展方式变化对中国碳排放强度的影响[J].经济研究(4):120-132.

[243] 张志强,曲建升,曾静静,2009.温室气体排放科学评价与减排政策[M].北京:科学出版社.

[244] 张中祥,2003.排放权贸易市场的经济影响——基于12个国家和地区边际减排成本全球模型分析[J].数量经济技术经济研究,20(9):95-99.

[245] 张琦,李文惠,王洪成,2014.碳交易环境下企业再制造集成物流网络优化设计[J].中国地质大学学报(社会科学版),14(5):45-53.

[246] 张蕾,蔡志坚,胡国珠,2015.农村居民低碳消费行为意向分析——基于计划行为理论[J].经济与管理,29(5):92-96.

[247] 张晏,龚六堂,2005.分税制改革、财政分权与中国经济增长[J].经济学(季刊),5(4):75-108.

[248] 张跃军,姚婷,林岳鹏,2016.中国碳配额交易市场效率测算研究[J].南京航空航天大学学报(社会科学版),18(2):1-9.

[249] 张运凯,王方伟,张玉清,等,2004.协同进化遗传算法及其应用[J].计算机工程(15):38-40,43.

[250] 赵爱文,李东,2011.中国碳排放与经济增长的协整与因果关系分析[J].长江流域资源与环境(11):1297-1303.

[251] 赵爱文,李东,2012.碳排放与能源消费和经济增长的灰色关联分析[J].环境保护科学,38(3):64-67.

[252] 赵昌平,王方华,葛卫华,2004.战略联盟形成的协同机制研究[J].

上海交通大学学报(3):417-421.

[253] 赵昕,郭晶,2011.中国低碳经济发展的技术进步因素及其动态效应[J].经济学动态(5):47-51.

[254] 赵玉焕,范静文,易瑾超,2011.中国—欧盟碳泄漏问题实证研究[J].中国人口·资源与环境,21(8):113-117.

[255] 赵道致,吕金鑫,2012.考虑碳排放权限制与交易的供应链整体低碳化策略[J].工业工程与管理,17(5):65-71.

[256] 赵黎明,张海波,孙健慧,2015.公众酒店低碳消费行为影响因素分析——基于天津市酒店顾客的调查数据[J].干旱区资源与环境,29(4):53-58.

[257] 中华人民共和国,2004.中华人民共和国气候变化初始国家信息通报[M].北京:中国计划出版社.

[258] 周波,2011.中国的节能减排困境和财税政策选择[J].中国人口·资源与环境,21(6):79-82.

[259] 周新,2010.国际贸易中的隐含碳排放核算及贸易调整后的国家温室气体排放[J].管理评论(6):17-24.

[260] 周远祺,杨招军,杨金强,2013.碳交易背景下石化企业能耗优化项目的投资分析[J].工业技术经济(11):100-106.

[261] 周志忍,蒋敏娟,2010.整体政府下的政策协同:理论与发达国家的当代实践[J].国家行政学院学报(6):28-33.

[262] 周利,杜劲,2015.欧盟碳排放交易市场价格行为特征与市场有效性研究[J].金融纵横(11):72-79.

[263] 朱波,宋振平,2009.基于SFA效率值的我国开放式基金绩效评价研究[J].数量经济技术经济研究(4):105-115.

[264] 朱平芳,张征宇,蒋国麟,2011.FDI与环境规则:基于地方分权视角的实证研究[J].经济研究(6):133-145.

[265] 邹琳华,2009.管制和垄断对房地产成本的影响估计——基于SFA模型及30个城市面板数据的分析[J].统计研究,26(2):8-14.

[266] AFONSO E L, 2011. Cap and trade and the capture theory of regulation: evidence from an event study[J]. Ssrn Electronic Journal (4):1-9.

[267] AHDREY W H, TAWEI W, 2013. Does the market value corporate response to climate change? [J]. Omega (41):195-206.

[268] ALDY J E, STAVINS R N, 2012. Using the market to address climate change: insights from theory & experience[J]. Daedalus, 141(2):45-60.

[269] ALBEROLA E, CHEVALLIER J, CHEZE B, 2008. Price drivers and structural breaks in European carbon prices 2005-2007[J]. Energy Policy, 36(2):787—797.

[270] ALPAY E, KERKVLIET J, BUCCOLA S, 2002. Productivity growth and environmental regulation in Mexican and U. S. food manufacturing[J]. American Journal of Agricultural Economics, 84(4):887-901.

[271] ANG B W, 1999. Is the energy intensity a less useful indicator than the carbon factor in the study of climate change? [J]. Energy Policy, 27(15):943-946.

[272] ANG B W, PANDIYAN G, 1997. Decomposition of energy-induced CO_2 emissions in manufacturing[J]. Energy Economics, 19 (3):363-374.

[273] ANG B W, ZHANG F Q, 2000. A survey of index decomposition analysis in energy and environmental studies[J]. Energy, 25(12): 1149-1176.

[274] ANG B W, ZGANG F Q, CHOI K H, 1998. Factorizing changes in energy and environmental indicators through decomposition[J]. Energy, 23(6):489-495.

[275] ANTES R, 2006. Corporate greenhouse gas management in the context of emissions trading regimes[M]. Emissions Trading and Business, Physica-Verlag HD.

[276] ARAGON-CORREA J A, RUBIO-LOPEZ E A, 2007. Proactive corporate environmental strategies: myths and misunderstandings [J]. Long Range Planning, 40(3):357-381.

[277] ARAGON-CORREA J A, HURTADO-TORRES N, SHARMA

S, et al, 2008. Environmental strategy and performance in small firms: a resource-based perspective[J]. Journal of Environmental Management, 86(1):88-103.

[278] ARSENE R, ANH-DAO T T, 2008. Globalization, north-south industrial location and environmental competition[R]. Working Papers.

[279] AUFFHAMMER M, CARSON R T, 2008. Forecasting the path of China's CO_2 emissions using province-level information[J]. Journal of Environmental Economics & Management, 55(3):229-247.

[280] BALDWIN R E, OKUBO T, 2006. Heterogeneous firms, agglomeration and economic geography: spatial selection and sorption[J]. Journal of economic geography, 6(3):323-346.

[281] BARDHAN P, 2002. Decentralization of governance and development[J]. Journal of Economic Perspectives, 16(4):185-205.

[282] BARROS V, GRAND M C, 2002. Implications of a dynamic target of greenhouse gases emission reduction: the case of Argentina [J]. Environment & Development Economics, 7(3):547-569.

[283] BASSETTI T, BENOS N, KARAGIANNIS S, 2013. CO_2 emissions and income dynamics: what does the global evidence tell us? [J]. Environmental and Resource Economics, 54(1):101-125.

[284] BATTESE G E, COELLI T J, 1995. A model for technical inefficiency effects in a stochastic frontier production function for panel data[J]. Empirical Economics, 20(2):325-32.

[285] BELTRATTI A, CHICHILNISKY G, HEAL G M, 1995. The green golden rule[J]. Economics Letters (49):175-179.

[286] BERMAN E, BUI L T M, 2001. Environmental regulation and productivity: evidence from oil refineries[J]. The Review of Economics and Statistics, 83(3):6776.

[287] BEZDEK R H, WENDLING R M, DIPERNA P, 2008. Environmental protection, the economy, and jobs: national and regional

analyses[J]. Journal of Environmental Management, 86 (1):
63-79.

[288] BRUVOLL A, LARSEN B M, 2002. Greenhouse gas emissions
in Norway: do carbon taxes work? [J]. Discussion Papers, 32
(4):493-505.

[289] BUCHANAN J M, 1965. An economic theory of clubs[J]. Eco-
nomic, 32(125):1-14.

[290] CAI W, WANG C, CHEN J, et al, 2008. Comparison of CO_2 e-
mission scenarios and mitigation opportunities in China's five sec-
tors in 2020[J]. Energy Policy, 36(3):1181-1194.

[291] CALLAN T, LYONS S, SCOTT S, et al, 2009. The distribu-
tional implications of a carbon tax in Ireland[J]. Energy Policy,
37(2):407-412.

[292] COASE R H, 1960. The problem of social cost[J]. Journal of
Law and Economics, (3):1-44.

[293] COELLI T, 1997. A Comparison of alternative productivity
growth measures: with application to electricity generation[R].
International Conference on Public Sector Efficiency.

[294] COONDOO D, DINDA S, 2002. Causality between income and e-
mission: a country group-specific econometric analysis[J]. Eco-
logical Economics, 40(3):351-367.

[295] COPEL B R, TAYLOR M S, 2003. Trade, growth, and the envi-
ronment[J]. Journal of Economic Literature, 42(1):7-71.

[296] CHANG C C, 2010. A multivariate causality test of carbon diox-
ide emissions, energy consumption and economic growth in China
[J]. Applied Energy, 87(11):3533-3537.

[297] CHEN W, WU Z, HE J, et al, 2007. Carbon emission control
strategies for China: a comparative study with partial and general
equilibrium versions of the China MARKAL model[J]. Energy,
32(1):59-72.

[298] CHENG F L, LIN S J, LEWIS C, et al, 2007. Effects of carbon

taxes on different industries by fuzzy goal programming: a case study of the petrochemical-related industries, Taiwan[J]. Energy Policy, 35(8):4051-4058.

[299] CHENG Y, WANG Z, YE X, et al, 2014. Spatiotemporal dynamics of carbon intensity from energy consumption in China[J]. Journal of Geographical Sciences, 24(4):631-650.

[300] CHRISTENSEN L R, JORGENSON D W, LAU L J, 1971. Conjugate duality and the transcendental logarithmic production function[J]. Econometrica, 39(6): 255-256.

[301] CHUNG Y H, FARE R, GROSSKOPF S, 1995. Productivity and undesirable outputs: a directional distance function approach [J]. Microeconomics, 51(3):229-240.

[302] DAN S D, LI O Z, TSANG A, et al, 2011. Voluntary nonfinancial disclosure and the cost of equity capital: the initiation of corporate social responsibility reporting[J]. Accounting Review, 86 (1):59-100.

[303] DAVIDSDOTTIR B, FISHER M, 2011. The odd couple: the relationship between state economic performance and carbon emissions economic intensity[J]. Energy Policy, 39(8):4551-4562.

[304] DECHEZLEPRETRE A, GLACHANT M, MENIERE Y, 2009. Technology transfer by CDM projects: a comparison of Brazil, China, India and Mexico[J]. Energy Policy, 37(2):703-711.

[305] DINDA S, 2005. Does environment link to economic growth[J]. Human Security and Climate Change (5):1-26.

[306] DOUGLAS H E, THOMAS, M S, 1995. Stoking the fires? CO_2 emissions and economic growth[J]. Journal of Public Economics, 57(1): 85-101.

[307] DUDEK D, GOLUB A, 2003. "Intensity" targets: pathway or roadblock to preventing climate change while enhancing economic growth? [J]. Climate Policy, 3(2):S21-S28.

[308] ENGAU C, HOFFMANN V H, 2011a. Corporate response

strategies to regulatory uncertainty: evidence from uncertainty about Post-Kyoto Regulation[J]. Policy Sciences, 44(1):53-80.

[309] ENGAU C, HOFFMANN V H, 2011b. Strategizing in an unpredictable climate: exploring corporate strategies to cope with regulatory uncertainty[J]. Long Range Planning, 44(1):42-63.

[310] FAGUET J P, 1999. Does decentralization increase government responsiveness to local needs?: evidence from Bolivia[J]. Social Science Electronic Publishing, 88(3-4):867-893.

[311] FAN Y, LIU L C, WU, G, HSIEN T T, et al, 2007. Changes in carbon intensity in China: empirical findings from 1980-2003 [J]. Ecological Economics, 62(3-4): 683-691.

[312] FARE R, GROSSKOPF S, PASURKA C A, 2008. Environmental production functions and environmental directional distance functions[J]. Ssrn Electronic Journal, 32(7):1055-1066.

[313] FARRELL J, 1957. The measurement of production efficiency [J]. Journal of Royal Statistical Society, Series A, Genera, 120 (3):253-281.

[314] FERNG J, 2003. Allocating the responsibility of CO_2 over emissions from the perspectives of benefit principle and ecological deficit[J]. Ecological Economics, 46:121-141.

[315] FRIEDL B, GETZNER M, 2003. Determinants of CO_2 emissions in a small open economy [J]. Ecological Economics, 45 (1): 133-148.

[316] GALEOTTI M, LANZA A, 2005. Desperately seeking environmental Kuznets[J]. Environmental Modelling & Software, 20 (11):1379-1388.

[317] GALEOTTI M, LANZA A, PAULI F, 2006. Reassessing the environmental Kuznets curve for CO_2 emissions: a robustness exercise[J]. Ecological Economics, 57(1):152-163.

[318] GLOMSROD S, WEI T, 2005. Coal cleaning: a viable strategy for reduced carbon emissions and improved environment in China?

[J]. Energy Policy, 33(4):525-542.

[319] GOULDER L H, 1995. Effects of carbon taxes in an economy with prior tax distortions: an intertemporal general equilibrium analysis[J]. Journal of Environmental Economics & Management, 29(3):271-297.

[320] GRAY W B, 1987. The cost of regulation: OSHA, EPA and the productivity slowdown[J]. American Economic Review, 77(77): 998-1006.

[321] GRAY C L, 2009. Environment, land, and rural out-migration in the southern Ecuadorian Andes[J]. World Development, 37(2): 457-468.

[322] GREENING L A, DAVIS W B, SCHIPPER L, 1998. Decomposition of aggregate carbon intensity for the manufacturing sector: comparison of declining trends from 10 OECD countries for the period 1971-1991[J]. Energy Economics, 20(97):43-65.

[323] GROSSMAN G M, KRUEGER A B, 1994. Grossman G M, Krueger A B. Economic growth and the environment[J]. Nber Working Papers, 110(2):277-284.

[324] GROSSMAN G M, KRUEGER A B, 2000. Environmental impacts of a north American free trade agreement[J]. Social Science Electronic Publishing, 8(2):223-250.

[325] GUAN D, HUBACEK K, WEBER C L, et al, 2008. The drivers of Chinese CO_2 emissions from 1980 to 2030[J]. Global Environmental Change, 18(4):626-634.

[326] HALLER S A, MURPHY L, 2012. Corporate expenditure on environmental protection[J]. Environmental and Resource Economics, 51(2):277-296.

[327] HAMAMOTO M, 2006. Environmental regulation and the productivity of Japanese manufacturing industries [J]. Resource and Energy Economics (28):299-312.

[328] HANG X, 2012. Effects of one-sided fiscal decentralization on environmental efficiency of Chinese provinces[R]. Working Papers.

［329］HAUGLAND T, OLSEN O, ROLAND K, 1992. Stabilizing CO_2 emissions are carbon taxes a viable option? ［J］. Energy Policy, 20(5):405-419.

［330］HE J K, DENG J, SU M, 2010. Emission from China's energy sector and strategy for its control ［J］. Energy, 35 (11): 4494-4498.

［331］HOEL M, 1996. Should a carbon tax be differentiated across sectors? ［J］. Journal of Public Economics, (59):17-32.

［332］HU JIN-LI, WANGA SHIH-CHUAN, 2006. Total factor energy efficiency of regions in China ［J］. Energy Policy, 34 (17): 3206-3217.

［333］IPCC, 2008. Climate change 2007: synthesis report［M］. Cambridge: Cambridge University Press.

［334］JAFFE A, PALMER K, 1997. Environmental regulation and innovation: a panel data study［J］. Review of Economics and Statistics, 79(4):610-619.

［335］JONES C A, 2007. North American business strategies towards climate change［J］. Strategic Direction, 25(6):428-440.

［336］JOTZO F, PEZZEY J C V, 2007. Optimal intensity targets for greenhouse gas emissions trading under uncertainty［J］. Environmental and Resource Economics, 38(2):259-284.

［337］KALLBEKKEN S, WESTSKOG H, 2005. Should developing countries take on binding commitments in a climate agreement? an assessment of gains and uncertainty［J］. Energy Journal, 26(3): 41-60.

［338］KANG J, ZHAO T, REN X, et al, 2012. Using decomposition analysis to evaluate the performance of China's 30 provinces in CO_2 emission reductions over 2005-2009［J］. Natural Hazards, 64(2): 999-1013.

［339］KAYA Y, 1989. Impact of carbon dioxide emission control on GNP growth: interpretation of proposed scenarios［R］. Paper

Presented to the Energy and Industry Subgroup, Response Strategies Working Group, Intergovernmental Panel on Climate Change, Paris, France.

[340] KEEN M, MARCHAND M, 1996. Fiscal competition and the pattern of public spending[J]. Journal of Public of Economics, 66 (1):33-53.

[341] KHAZZOOM J D, MILLER S, 1982. Economic implications of mandated efficiency standards for household appliances: response to Besen and Johnson's comments[J]. Energy Journal, 3(1):117-124.

[342] KOLK A, 2008. Developments in corporate responses to climate change within the past decade[M]. New York, NY: Springer.

[343] KIM T G, BAUMERT K, 2002. Reducing uncertainty through dual-intensity targets[M]. Washington DC: World Resources Institute.

[344] KOLK A, 2008. Developments in corporate responses to climate change within the past decade[J]. Economics and Management of Climate Change: 221-230.

[345] KOLSTAD C D, 2005. The simple analytics of greenhouse gas emission intensity reduction targets[J]. Energy Policy, 33(17): 2231-2236.

[346] KRUGMAN P, 1991. Increasing returns and economic geography [J]. Journal of Political Economy, 99(3):483-499.

[347] LI J, COLOMBIER M, 2009. Managing carbon emissions in China through building energy efficiency [J]. Journal of Environmental Management, 90(8): 2436-2447.

[348] LIN B, SUN C, 2010. Evaluating carbon dioxide emissions in international trade of China [J]. Energy Policy, 38(1): 613-621.

[349] LIU L, ZONG H, ZHAO E, et al, 2014. Can China realize its carbon emission reduction goal in 2020: from the perspective of thermal power development [J]. Applied Energy, 124 (1):

199-212.

[350] LIU L C, FAN Y, WU G, et al, 2007. Using LMDI method to analyze the change of China's industrial CO_2 emissions from final fuel use: an empirical analysis [J]. Energy Policy, 35 (11): 5892-5900.

[351] LUTTER R, 2000. Developing countries' greenhouse emissions: uncertainty and implications for participation in the Kyoto Protocol[J]. Energy Journal, 21(4):93-120.

[352] MA D, HU S, ZHU B, et al, 2012. Carbon substance flow analysis and CO_2 emission scenario analysis for China[J]. Clean Technologies and Environmental Policy, 14(5):815-825.

[353] MARTINEZ-ZARZOSO I, BENGOCHEA-MORANCHO A, 2004. Pooled mean group estimation of an environmental Kuznets curve for CO_2[J]. Economics Letters, 82(1):121-126.

[354] MARTIN P, ROGERS C A, 1995. Industrial location and public infrastructure[J]. Journal of International Economics, 39(3-4): 335-351.

[355] MEADE J E, 1952. External economies and diseconomies in a competitive situation[J]. Economic Journal, 62(245):54-67.

[356] MEEUSEN W, BROECK J V D, 1977. Efficiency estimation from Cobb-Douglas Production Functions with composed error. [J]. International Economic Review, 18(2):435-444.

[357] MICHAEL A M, 1982. Trade, development & the environment: the diffusion of pollution[J]. Annals of Tropical Paediatrics, 2 (3):109-112.

[358] MIELNIK O, GOLDEMBERG J, 1999. The evolution of the carbonization index in developing countries[J]. Energy Policy, 27 (5):307-308.

[359] MILLIMAN S R, PRINCE R, 1989. Firm incentives to promote technological change in pollution control: reply[J]. Journal of Environmental Economics & Management, 17(3):247-265.

[360] MITCHELL R K, AGLE B R, WOOD D J, 1997. Towards a theory of stakeholder identification and salience: defining the principle of who and what really counts[J]. Academy of Management Review, 22 (4):853-886.

[361] MOHTADI H, 1996. Environment, growth and optimal policy design[J]. Journal of Public Economics, 63(1):119-140.

[362] MULLER B, MULLER F G. 2003. Price-related sensitivities of greenhouse gas intensity targets [J]. Climate Policy, 3 (2): S59-S74.

[363] MOOMAW W R, UNRUH G C, 1997. Are environmental Kuznets curves misleading us? the case of CO_2 emissions[J]. Environment & Development Economics, 2(4):451-463.

[364] MUNKSGAARD J, PEDERSEN K A, 2001. CO_2 accounts for open economies: producer or consumer responsibility[J]. Energy Policy, 29(4):327-334.

[365] MUOGHALU M I, GLASCOCK J L, 1990. Hazardous waste lawsuits, stockholder returns, and deterrence[J]. Southern Economic Journal, 57(2):357-370.

[366] MURRAY B C, NEWELL R G, PIZER W A, 2009. Balancing cost and emissions certainty: an allowance reserve for cap-and-trade[J]. Nber Working Papers, 3(1):84-103.

[367] MURTY M N, KUMAR S, 2003. Win-win opportunities and environmental regulation: testing of porter hypothesis for Indian manufacturing industries[J]. Journal of Environmental Management, 67(2):139-144.

[368] NAKATA T, LAMONT A, 2000. Analysis of the impacts of carbon taxes on energy systems in Japan[J]. Energy Policy, 29(2): 159-166.

[369] NORDHAUS W D, 1993. Optimal greenhouse-gas reductions and tax policy in the "DICE" model[J]. American Economic Review, 83(2):313-317.

［370］OATES W E，1972．Fiscal federalism［M］．New York：Harcourt Brace Jovanovich．

［371］PAUL S，BHATTACHARYA R N，2003．Energy intensity and carbon factor in coemission intensity［J］．Journal of Environmental Systems，29（4）：269-278．

［372］PETERS G P，HERTWICH E G，2006．Pollution embodied in trade：the Norwegian case［J］．Global Environmental Change，16（4）：379-387．

［373］PETERS G P，2008．From production-based to consumption-based national emission inventories［J］．Ecological Economics，65（1）：13-23．

［374］PHILIBERT C，PERSHING J，2001．Considering the options：climate targets for all countries［J］．Climate Policy，1（2）：211-227．

［375］PORTER M E，1991．America's green strategy［J］．Scientific American，264(4)：1-5．

［376］RAUSCHER M，2009．Concentration，separation，and dispersion：economic geography and the environment［J］．Thuenen-Series of Applied Economic Theory．

［377］REYNOLDS J，2014．The regulation of climate engineering［J］．Journal of Environmental Law，3(2)：113-136．

［378］RICHARD G，ADAM B，1999．The induced innovation hypothesis and energy-saving technological change［J］．Quarterly Journal of Economics，114(3)：941-975．

［379］RIEBER A，TRAN T T A，2008．Globalization，North-South industrial location and environmental competition［R］．Working Papers．

［380］ROBERTS J T，GRIMES P E，1997．Carbon intensity and economic development 1962-1991：a brief exploration of the environmental Kuznets curve［J］．World Development，25(2)：191-198．

［381］ROMENTI S，VALENTINI C，2002．Analysis of environmental

efficiency variation[J]. American Journal of Agricultural Economics, 84(4):1054-1065.

[382] ROUT U K, VOβ A, SINGH A, et al, 2010. Energy and emissions forecast of China over a long-time horizon[J]. Energy, 36 (1):1-11.

[383] SANDHU S, SMALLMAN C, OZANNE L K, et al, 2012. Corporate environmental responsiveness in India: lessons from a developing country[J]. Journal of Cleaner Production, 35 (35): 203-213.

[384] SANTOS B D S, 1998. Participatory budgeting in Porto Alleger: toward a redistributive democracy [J]. Politics and Society, 26 (4):461-510.

[385] SCHMIDT L P, 1977. Formulation and estimation of stochastic frontier production function models[J]. Journal of Econometrics, 6(1):21-37.

[386] SELDEN T M, SONG D, 1994. Environmental quality and development: is there a Kuznets Curve for air pollution emissions? [J]. Journal of Environmental Economics & Management, 27 (2):147-162.

[387] SHAFIK N, BANDYOPADHYAY S, 1992. Economic growth and environmental quality: time series and cross-country evidence [R]. Policy Research Working Paper.

[388] SHEN J, 2008. Trade liberalization and environmental degradation in China[J]. Applied Economics, 40(8):997-1004.

[389] SHRESTHA R M, TIMILSINA G R, 1996. Factors affecting CO_2 intensities of power sector in Asia: a divisia decomposition analysis[J]. Energy Economics, 18(4):283-293.

[390] SHRESTHA R M, TIMILSINA G R, 1996. Factors affecting CO_2 intensities of power sector in Asia: a divisia decomposition analysis[J]. Energy Economics, 18(4):283-293.

[391] STERN D I, 2004. The rise and fall of the environmental Kuznets

Curve[J]. World Development, 32(8):1419-1439.

[392] STERN D I, JOTZO F, 2009. How ambitious are China and India's emissions intensity targets? [J]. Energy Policy, 38(11): 6776-6783.

[393] SUN J W, MALASA P, 1998. CO_2 emission intensities in developed countries 1980-1994[J]. Energy, 23(2):105-112.

[394] SUN J W, 2002. The decrease in the difference of energy intensities between OECD countries from 1971 to 1998[J]. Energy Policy, 30(8):631-635.

[395] TIEBOUT C M, 1956. A pure theory of local expenditures[J]. Journal of Political Economy, 64(5):416-424.

[396] TORVANGER A, 1991. Manufacturing sector carbon dioxide emissions in nine OECD countries, 1973-87: a divisia index decomposition to changes in fuel mix, emission coefficients, industry structure, energy intensities and international structure[J]. Energy Economics, 13(3): 168-186.

[397] TSUI K Y, WANG Y, et al, 2004. Between separate stoves and a single menu: fiscal decentralization in China[J]. China Quarterly, 177(177):71-90.

[398] VINCENTE, 2002. Implications of a dynamic target of greenhouse gases emission reduction: the case of Argentina[J]. Environment & Development Economics, 7(3):547-569.

[399] WALKER K, WAN F, 2012. The harm of symbolic actions and greenwashing: corporate actions and communications on environmental performance and their financial implications[J]. Journal of Business Ethics (109):227-242.

[400] WAMER K, GALAZ V, DUIT A, et al, 2010. Global environmental change and migration: Governance challenges[J]. Global Environmental Change, 20(3):402-413.

[401] WEINGAST B R, 1995. The economic role of political institutions: market-preserving federalism and economic development[J]. The Journal

of Law, Economics, and Organization, 11(1):1-31.

[402] WOERDMAN E, 2001. Implementing the Kyoto protocol: why JI and CDM show more promise than international emissions trading [J]. Energy Policy, 28(1):29-38.

[403] WU L, KANEKO S, MATSUOKA S, 2005. Driving forces behind the stagnancy of China's energy-related CO_2 emissions from 1996 to 1999: the relative importance of structural change, intensity change and scale change[J]. Energy Policy, 33(3):319-335.

[404] WU L, KANEKO S, MATSUOKA S, 2006. Dynamics of energy-related CO_2 emissions in China during 1980 to 2002: the relative importance of energy supply-side and demand-side effects[J]. Energy Policy, 34(18): 3549-3572.

[405] YANG C, SCHNEIDER S H, 1997. Global carbon dioxide emissions scenarios: sensitivity to social and technological factors in three regions [J]. Mitigation and Adaptation Strategies for Global Change, 2(4): 373-404.

[406] YUAN J, HOU Y, XU M, 2012. China's 2020 carbon intensity target: consistency, implementations, and policy implications[J]. Renewable & Sustainable Energy Reviews, 16(7):4970-4981.

[407] ZHANG C, HELLER T C, MAY M M, 2005. Carbon intensity of electricity generation and CDM baseline: case studies of three Chinese provinces[J]. Energy Policy, 33(4):451-465.

[408] ZHANG L X, WANG C B, YANG Z F, et al, 2010. Carbon emissions from energy combustion in rural China[J]. Procedia Environmental Sciences, 2(1):980-989.

[409] ZHANG M, MU H L, NING Y D, et al, 2009. Decomposition of energy-related CO_2 emission over 1991-2006 in China[J]. Ecological Economics, 68(7):2122-2128.

[410] ZHENG S, 2004. Mitigating climate change through the CDM: the case of China [J]. International Review for Environmental Strategies, 5(1):289-299.

[411] ZHANG Y, 2009. Structural decomposition analysis of sources of decarbonizing economic development in China: 1992-2006[J]. Ecological Economics, 68(8-9):2399-2405.

[412] ZHANG X P, CHENG X M, 2009. Energy consumption, carbon emissions, and economic growth in China[J]. Ecological Economics, 68(10):2706-2712.

[413] ZHANG Z X, 2000. Decoupling China's carbon emissions increase from economic growth: an economic analysis and policy implications[J]. World Development, 28(4):739-752.

[414] ZHANG Z X, 2011. Assessing China's carbon intensity pledge for 2020: stringency and credibility issues and their implications[J]. Environmental Economic Policy Study, 13(3): 219-235.

附　录

镇海区工业企业节能减排状况调查问卷

为贯彻落实我国科学发展观，建设资源节约型、环境友好型社会，宁波市镇海区经济与信息化局决定进行"2012镇海区工业企业节能减排情况调查"活动，及时了解区内各工业企业的用能、排放现状及节能减排的改造计划，便于政府在节能减排方面进行决策。贵单位被选入参加本次调查活动，希望能给予相应的配合与支持，共同为我区节能减排事业做出贡献。非常感谢您的支持！

宁波市镇海区经济与信息化局

2012 年 3 月

一、基本资料

1. 贵企业所处行业为：_____　　　　　　　　　　（　　　）

    A. 石油化石　　　　　B. 装备制造　　　　C. 塑胶

    D. 服装纺织　　　　　E. 有色金属　　　　F. 其他

2. 贵企业所有制形式为：_____　　　　　　　　　（　　　）

    A. 国有企业　　　　　　　　　　　B. 民营企业

    C. 外商及港澳台投资　　　　　　　D. 其他

3. 贵企业用工规模为：_____　　　　　　　　　　（　　　）

    A. 小于 50 人　　　　B. 50～200 人　　　C. 大于 200 人

4. 贵企业的主要能源来源是：_____　　　　　　　（　　　）

    A. 电力　　　　　　　B. 油气　　　　　　C. 煤炭　　　　D. 其他

5. "十一五"期间贵企业节能减排环保资金投入额为：_____　（　　　）

A. 小于 50 万元　　　B. 50 万～500 万元　　　C. 大于 500 万元

二、请您根据实际情况选择每个说法的符合程度,并在对应的数字后打钩。

1 完全符合　2 不符合　3 有点不符合　4 一般　5 有点符合　6 符合　7 完全符合

1. 我们公司通过提升管理水平减少碳排放

1　2　3　4　5　6　7

2. 我们公司通过弥补管理漏洞减少碳排放

1　2　3　4　5　6　7

3. 我们公司通过采用先进的生产工艺减少碳排放

1　2　3　4　5　6　7

4. 我们公司通过降低产量的方式减少碳排放

1　2　3　4　5　6　7

5. 我们公司通过优化产品结构减少碳排放

1　2　3　4　5　6　7

6. 我们公司使用清洁能源代替电力减少碳排放

1　2　3　4　5　6　7

7. 我们公司投资环保产品减少碳排放

1　2　3　4　5　6　7

8. 我们公司投入大量资金购买环保专利技术减少碳排放

1　2　3　4　5　6　7

9. 我们公司投资购置环保设备减少碳排放

1　2　3　4　5　6　7

10. 我们公司通过加强企业内部管理减少碳排放

1　2　3　4　5　6　7

11. 达不到碳减排目标时,我们公司通过降低产量减少碳排放

1　2　3　4　5　6　7

12. 我们公司依靠节能手段减少碳排放

1　2　3　4　5　6　7

13. 我们公司通过投资研发环保设备减少碳排放

1　2　3　4　5　6　7

14. 我们公司通过建立企业内部排污权交易制度减少碳排放

1 2 3 4 5 6 7

15. 政府制定了明确的产业排放标准和能耗标准

1 2 3 4 5 6 7

16. 政府对节能产品(项目)进行经济补贴

1 2 3 4 5 6 7

17. 政府对节能产品(项目)实行税收优惠政策

1 2 3 4 5 6 7

18. 政府支持引导企业环保技术创新

1 2 3 4 5 6 7

19. 政府实行绿色水电价制度引导企业绿色生产

1 2 3 4 5 6 7

20. 政府明确企业间减排分工任务

1 2 3 4 5 6 7

21. 政府实行污染物总量控制

1 2 3 4 5 6 7

22. 政府实行污染物浓度控制

1 2 3 4 5 6 7

23. 政府对企业实行环境行政督察制度

1 2 3 4 5 6 7

24. 政府实行扣押、吊销排污许可证惩罚制度

1 2 3 4 5 6 7

25. 政府扩大环保企业信贷支持规模

1 2 3 4 5 6 7

26. 政府完善市场准入机制

1 2 3 4 5 6 7

27. 政府建立并实施环保企业信息披露制度

1 2 3 4 5 6 7

28. 政府建立企业环保绩效数据库

1 2 3 4 5 6 7

29. 政府建立企业环保绩效评价指标体系
    1 2 3 4 5 6 7

30. 政府搭建区域排污许可交易平台
    1 2 3 4 5 6 7

31. 政府建立企业强制减排交易市场
    1 2 3 4 5 6 7

32. 政府完善绿色信贷制度
    1 2 3 4 5 6 7

33. 政府实行环保企业差别利率政策
    1 2 3 4 5 6 7

《综合能耗计算通则》(GB/T 2589—2008)

各种能源折标准煤参考系数(部分)

能源名称		平均低位发热量	折标准煤系数
原煤		20 908 kJ/kg(5 000 kcal/kg)	0.714 3 kgce/kg
洗精煤		26 344 kJ/kg(6 300 kcal/kg)	0.900 0 kgce/kg
其他洗煤	洗中煤	8 363 kJ/kg(2 000 kcal/kg)	0.285 7 kgce/kg
	煤泥	8 363 kJ/kg~12 545 kJ/kg (2 000 kcal/kg~3 000 kcal/kg)	0.285 7 kgce/kg~0.428 6 kgce/kg
焦炭		28 435 kJ/kg(6 800 kcal/kg)	0.971 4 kgce/kg
原油		41 816 kJ/kg(10 000 kcal/kg)	1.428 6 kgce/kg
燃料油		41 816 kJ/kg(10 000 kcal/kg)	1.428 6 kgce/kg
汽油		43 070 kJ/kg(10 300 kcal/kg)	1.471 4 kgce/kg
煤油		43 070 kJ/kg(10 300 kcal/kg)	1.471 4 kgce/kg
柴油		42 652 kJ/kg(10 200 kcal/kg)	1.457 1 kgce/kg
煤焦油		33 453 kJ/kg(8 000 kcal/kg)	1.142 9 kgce/kg
渣油		41 816 kJ/kg(10 000 kcal/kg)	1.428 6 kgce/kg
液化石油气		50 179 kJ/kg(12 000 kcal/kg)	1.714 3 kgce/kg
炼厂干气		46 055 kJ/kg(11 000 kcal/kg)	1.571 4 kgce/kg
油田天然气		38 931 kJ/m³(9 310 kcal/m³)	1.330 0 kgce/m³
气田天然气		35 544 kJ/m³(8 500 kcal/m³)	1.214 3 kgce/m³
焦炉煤气		16 726 kJ/m³~17 981 kJ/m³ (4 000 kcal/m³~4 300 kcal/m³)	0.571 4 kgce/m³~0.614 3 kgce/m³
高炉煤气		3 763 kJ/m³	0.128 6 kgce/m³
热力(当量值)		—	0.034 12 kgce/MJ
电力(当量值)		3 600 kJ/(kW·h) 860 kcal/(kW·h)	0.122 9 kgce/(kW·h)

　　说明:以上数据摘录自 2008 年 6 月 1 日起正式实施的最新国家标准——GB/T 2589—2008《综合能耗计算通则》,本标准代替 GB/T 2589—1990《综合能耗计算通则》。

后　记

本书作为"十二五"国家重点图书出版规划项目"中国企业行为治理研究"系列中相对独立的一本专著，体现出了中国企业在更为广阔舞台上的现实表现，也在很大程度上诠释了"企业行为治理"的概念内涵与范畴。碳减排、碳金融更多的是经济学领域的研究成果，本书把它们纳入企业行为研究当中，形成了一个较为独特的研究领域，而本书的最终完成也因此经历了一段颇为坎坷的经历。

研究企业的碳减排行为缘起于我在西安交通大学的博士后学习过程，并有幸受到了王锋师兄的提点。王锋副教授，博士师从厦门大学林伯强教授，是林教授最为得意的弟子之一，他在博士期间就在《经济研究》上发表了3篇文章，堪称当之无愧的青年才俊。颇为幸运的是，王锋师兄和我都在西安交通大学经济与金融学院院长冯根福教授门下从事博士后研究，在多次的深度交流后，王锋师兄指出了我当前研究领域过于微观且难以在宏观政策层面形成理论和实践创新的弊端，并建议我从宏观着眼、微观入手，这样才能将我的企业管理研究真正纳入国家宏观经济发展的大格局中加以锤炼，最终有望形成能够冲击《经济研究》的标志性成果，而他最为熟悉的碳减排和碳强度研究则是一个不错的切入点。

在认真思考后，我做出了一个非常大胆的决定，要在进行公司治理研究的同时开辟一个全新的研究领域——企业碳减排行为，并开始阅读国内外相关的大量文献，寻找研究的切入点。幸运的是，在这个过程中，先后有重要的机遇让我对这个问题有了更为深入的了解：其一是与肖迪老师共同负责了"宁波市镇海区'十二五'淘汰落后产能规划"项目，让我能够真正了解企业对节能减排最为真实的想法，在项目研究中，我们共发放了近500份问卷,也回收了大量的有效问卷,给我后期的研究奠定了坚实的基础。其二是参加了中国人民大学组织的"组织经济学年会",这是一个小范围的高层次学术会议。在会议中,杨其静教授给予我非常中肯的研究建议,让我能够立足主流经济学的维度去重新审视企业碳减排研究涉及的区位协同问题。

天时地利还需要人和,才能真正实现研究的目标,即研究方向的确立和选择还需要强有力的团队加以支撑。在碳减排的研究过程中,我有幸得到了薛津津学妹和张武林硕士的大力支持。薛津津学妹是我的同门,作为郝云宏教授国民经济学专业的硕士研究生,她体现出了超凡的研究潜力和扎实的研究功底,在管理楼502的办公室里,被文献包围是她的常态,所有被她标注过的文献都整齐地放在文件箱里,至今我都完好地保存着,而本书宏观部分的分析正是由我和她共同完成的,相关成果也在《光明日报(理论版)》及《经济地理》等刊物上发表。尽管后期薛津津没有步入学术道路,但是她的扎实与悟性让我至今难忘。

张武林是我带的第一个硕士。作为开山大弟子,我与他亦师亦友,而他的乐观、勤奋及极强的学习能力让我颇感欣慰,后期他跟随我的步伐到西安交通大学攻读博士,并到俄亥俄州立大学访学,本书出版之际他也喜获升级,当上了爸爸,真是可喜可贺,正是他与我的合作,才使得本书最终得以出版。

作为本书的主持人,我承担了整体框架的设计、研究工作的组织,并完成了关键模型的设计与验证,还有大量的具体工作是各位团队成员心血的结晶。本书的完成还有大批在读研究生的身影:谢静含同学负责了本书协同子项目的数据分析工作(总计1.4万字),李好同学负责了本书文献综述部分的撰写和修改工作(总计1.1万字),刘璐同学负责了本书浙江省碳减排分析部分内容的撰写工作(总计1.2万字),何临砚同学负责了本书财政分权部分数据分析和对策的撰写工作(总计1.5万字),廖佳俊同学负责了本书对策部分分析与讨论的撰写工作(总计1.2万字),曹震远同学负责了本书问卷部分实证分析的撰写工作(总计1.22万字),吴东霞同学负责了第9章中国碳交易市场部分的政策梳理与对策的撰写工作(总计1.25万字)。

非常感谢浙江工商大学出版社谭娟娟学妹的辛勤付出,她是本书的责任编辑,也是本项目的重要成员之一,在为本书把关的同时,也提出了大量宝贵的修改意见。感谢出版社的郑建主任为该套丛书的辛勤付出。再次感谢各位的通力合作。希望此书能够为各位读者进行我国企业碳减排研究提供一个可供借鉴的思路。

曲　亮

2016 年 12 月